U0395810

Activities for Responsive Caregiving
Infants, Toddlers, and Twos

婴幼儿回应式养育活动

[美] Jean Barbre 著

牛君丽 译

中国轻工业出版社

图书在版编目（CIP）数据

婴幼儿回应式养育活动／（美）琼·芭芭拉（Jean Barbre）著；牛君丽译. —北京：中国轻工业出版社，2020.6（2023.9重印）

ISBN 978-7-5184-1293-8

Ⅰ.①婴… Ⅱ.①琼… ②牛… Ⅲ.①婴幼儿－哺育－研究 Ⅳ.①TS976.31

中国版本图书馆CIP数据核字（2019）第298891号

责任编辑：林思语
策划编辑：戴　婕　　　　责任终审：腾炎福
责任校对：刘志颖　　　　责任监印：吴维斌

出版发行：中国轻工业出版社（北京东长安街6号，邮编：100740）
印　　刷：三河市鑫金马印装有限公司
经　　销：各地新华书店
版　　次：2023年9月第1版第2次印刷
开　　本：880×1230　1/24　印张：13.5
字　　数：117千字
书　　号：ISBN 978-7-5184-1293-8　　定价：58.00元
读者热线：010-65181109，65262933
发行电话：010-85119832　传真：010-85113293
网　　址：http://www.chlip.com.cn　http://www.wqedu.com
电子信箱：1012305542@qq.com
如发现图书残缺请拨打读者热线联系调换
190292Y2X101ZYW

·译者序·

　　正如本书作者琼·芭芭拉（Jean Barbre）所说：当今社会，幼儿与专业幼儿照料者相处的时间越来越多，甚至超过了在家里和父母待在一起的时间。包括幼儿园在内的早教机构越来越多地承担起养育新生代的责任，而高品质的专业早教人员，则肩负起了父母对培养全面发展的孩子的热切期盼。社会对幼儿照料者的要求也不可避免地提升到了前所未有的高度和难度。为了培养全面发展、身心健康的幼儿，照料者不仅要性情温和、有爱心和耐心，还要全面了解幼儿身心发展的专业知识，明白幼儿成长过程中出现的各种现象的原因，且要身怀各种行之有效的养育技能，以便因材施教。

　　我曾与幼儿园合作多年，为幼儿园提供幼儿教育咨询和培训。在与幼儿园交往的过程中，我常常被幼儿教师们对幼儿教育理论的渴求所感动。他们那么渴望了解和引用幼儿教育的先进理念，无论工作事务多么繁重，他们的工作计划中总有业务培训的份额；无论多么繁忙，他们总要挤出时间参加早教培训和研讨会；无论多么疲累，他们总是热情高涨地参与每一个新理论的实践活动。

　　他们常常如饥似渴地问：还有什么我们尚未接触的幼教理论吗？我们现存的问题，是哪方面理论的缺失呢……在培训过程中，他们最常提的问题是：如何将理论与实践相结合？给我一个实操例子，让我可以照搬应用！

《婴幼儿回应式养育理论》（*Foundations of Responsive Caregiving: Infants, Toddlers, and Twos*）和《婴幼儿回应式养育活动》（*Activities for Responsive Caregiving: Infants, Toddlers, and Twos*）刚好可以满足他们在理论和实践两方面的需求。这两本书由同一个作者所著，一本是回应式早教理论基础的介绍，对幼儿的生理、社会性－情绪、认知和语言这四大发展领域的相关基础理论做了全面的介绍，深入浅出，利于理解和掌握，让幼儿照料者对早教的各种现象达到既"知其然"，又"知其所以然"的境地；另一本是与此对应的幼儿照料实操手册，根据不同年龄幼儿的成长发育特点，借助《婴幼儿回应式养育理论》所涉及的基础理论，设计了 101 个可以轻松操作的游戏活动，帮助幼儿照料者轻松地将先进的早教理念落实到日常照料工作中，有效地帮助幼儿实现四大领域的全面发展。

我必须得由衷地说：这两本书确实会给早教专业人员，包括幼儿园教师、早教机构照料者以及幼儿父母提供不可或缺的帮助！

牛君丽
2019 年 9 月

· 致 谢 ·

  我要感谢那么多人支持我完成本书的写作。首先是我的丈夫，感谢你对我的爱和支持。数月以来，你不介意我在餐桌上堆满了书籍，为我做饭，使我有时间进行写作。感谢我的女儿金（Kim）和凯特（Kat），是你们持续让我看见努力工作和不断奉献的成果，你们这些年来对我的爱改变了我。感谢我的母亲、兄弟、姐妹，你们倾听我的诉说，分享我写本书的兴奋之情，也为我取得的成就感到快乐。感谢我的朋友们，感谢你们对本书表现出来的慷慨鼓励和兴趣。你们中有些人，从项目开始就和我在一起，另一些人于中途加入，与我同行；我非常感谢你们所有人，也特别珍惜你们的友谊。我要特别感谢我的朋友斯泰西·迪布尔－雷诺兹（Stacy Deeble-Reynolds）允许我给他的家拍照。也感谢我的朋友和同事们，感谢他们允许我给他们的漂亮的孩子们拍照。

  感谢奥兰治海岸学院（Orange Coast College）的哈利和格蕾丝斯·蒂尔儿童中心（Harry and Grace Steel Children's Center）以及海特苏·戴梅恩家庭儿童保育中心（Hatsue Damain Family Child Care Center）的工作人员——感谢你们允许我拍摄你们让人惊叹的儿童照料项目。你们承诺为孩子们提供高品质照料，这一点从孩子们的笑脸上就能一目了然。特别感谢肖恩·托马斯（Shawn Thomas）的摄影和创意，很高兴和你一起为这本书的诞生而努力。感谢斯科特·格雷（Scott Gray）博士、金和凯特，感谢你们阅读本书的初稿，并给我提出了反馈和指导。

感谢雷德利夫出版社（Redleaf Press）的奉献精神和辛勤工作。编辑珍妮·恩格尔曼（Jeanne Engelmann）和凯拉·奥斯滕多夫（Kyra Ostendorf）的帮助使本书的写作充满了乐趣。戴维·希思（David Heath）为我提供了早期支持，并让我有机会与他人分享我关于婴幼儿的看法。出版社的创意团队明白需要什么来加强这本书的内容和可读性。

最后，我要感谢众多每日都在照料幼儿的人，你们致力于关爱最小的孩子，为他们的福祉而努力，这种精神值得赞扬。无论你是刚刚进入早期保育和教育领域的学生，还是已经开始照料幼儿的从业者，希望你们都能发现本书不仅有用，而且实用。

致读者：愿你们永远记住，你们所做的一切将改变孩子们的生命。

· 目 录 ·

· 序 言 ·

　　低幼儿童认识世界、发育成长的速度极快，生命之初的头三年为他们终生的学习奠定了基础。回应式照料者承担着为幼儿设计活动、提供学习机会、帮助幼儿成长的责任。幼儿获得成长技能，达到发展目标，都依赖回应式照料者的帮助。在与幼儿接触的过程中，回应式照料者与幼儿建立起信任关系。换句话说，照料者对幼儿的养育和教育，对幼儿终生的智力、情感、社会和生理发展都会造成极大的影响。

回应式照料者

　　确切地说，什么是回应式照料者呢？首先，照料者指的是任何一个照料幼儿的成年人，幼儿的父母、祖父母、叔叔、阿姨、邻居、家庭幼儿保育提供者或者早期幼儿教育机构工作人员等，不管他们和幼儿的社会关系是什么，只要在照料幼儿，就是幼儿的照料者。"回应式照料者"有更深的含义：回应式照料者致力于满足幼儿的个体成长需求，不仅要满足幼儿的日常需求，还要致力于为幼儿提供温暖、稳定、充满爱的成长环境。

　　回应式照料者的首要任务之一是为幼儿设计适当的活动，帮助他们获得四大学习领域（社会性－情绪、生理、认知和语言）的各项技能。另一个重要任务是抓住每一个随机的教学时机帮助幼儿接触新事物、构建新知识。回应式照料者同时肩负着为幼儿创设合适的学习环境的责任，还要帮助幼儿探索、发现、创建自己的学习方式。回应式照料者对幼儿的学习方式非常敏感，积极提供各种学习机会和途径，使幼儿在每一个成长阶段都得到最好的发展。

高品质早期保育和教育的组成部分

高品质早教机构提供的幼儿活动不仅会巩固幼儿已有的知识，也会帮助幼儿在已有知识的基础上构建新知识。优秀的早教机构没有任何单一的标准，但是，优秀的早教机构一般都具有如下共同点：

- 幼儿和照料者之间具有持续稳定的保育关系。
- 每个幼儿都有特定的主要照料者。
- 幼儿的个性需求得到尊重。
- 幼儿在游戏中进行学习。
- 游戏活动适合幼儿的年龄和发育特点。
- 早教环境健康安全。
- 为幼儿设定的新的学习任务建立在已有知识和技能的基础上。
- 日常活动的设计目的专注于帮助幼儿获得全面发展。
- 生活常规和作息时间适合幼儿的发展特点。
- 保育人员和家长的交流及合作以尊重对方文化为基础。

高品质早教机构工作者了解并掌握以上这些专业知识和养育原则，知道什么样的机会和活动有助于0—3岁儿童以及有特别需要的幼儿更好地成长。如果你刚刚起步，想要成为一名高品质幼儿照料者，我的另外一本书，也是本书的配套图书《婴幼儿回应式养育理论》可以为你提供婴幼儿成长的主要特点和适用原则。该书可以帮助你了解早教研究的最新成果、高品质照料者在幼儿成长中的作用和角色。《婴幼儿回应式养育理论》介绍了很多关于婴幼儿照料的理论和策略，其中包括：依恋关系理论、大脑发育知识、环境设计原则与建议、发展适宜性实践、课程设置、观察与评估等，供幼儿照料者参考使用。该书同时有助于创建适龄发展的学习环境，使幼儿在其中畅享探索。

本书是我在《婴幼儿回应式养育理论》一书中阐述的早教理论和早教原则的具体呈现，是理论原则在日常活动中的鲜活应用。这本书会告诉你如何把《婴幼儿回应式养育理论》中的理论原则应用到照料活动中，促进幼儿四大学习领域的全面发展。本书设计的每一个活动都简单易行，充满乐趣，帮助每一个幼儿都能在活动中获得新技能。

我希望照料者在帮助幼儿享受新发现、检验新经验的过程中，愉快地找到自己的教学方式。作为一名回应式照料者，你对孩子的终生发展具有巨大影响，他们的人生将因你而不同！

· 搭建活动舞台 ·

　　专业早教人员知道高品质的活动环境（舞台）是幼儿健康成长和发展的必要条件。这样的环境必须是安全的，环境设计、活动设施和玩具的投放必须考虑每个幼儿的个性化需求，可以随时根据幼儿需求的变化对环境进行适当调整。最重要的是，活动必须以游戏为主。这本书所提供的活动方案正是为了满足这些需求，简单易行，目的明确，你也可以根据自己的具体情况对其进行调整，以更好地满足幼儿的成长需求。

安全性

　　为幼儿选择游戏器材、设计游戏活动的时候，永远要把安全性放在第一位，确保为0—3岁儿童选择的任何一个玩具都适合厂家标注的适龄范围。所有的玩具都应该坚固耐用、易于清洗，任何一个玩具或者玩具的零部件尺寸都要足够大，以免被幼儿吞下，造成窒息。因为3岁以下的幼儿主要用感觉器官感知世界，他们总是把一切能放进嘴里的东西塞进嘴巴，非常容易被物体卡住气管而窒息。为了方便判断玩具的大小是否合适，你可以购置幼儿玩具适龄尺寸量器，避免由于玩具尺寸过小，让婴幼儿面临被物体卡住窒息的风险。不要让婴幼儿玩玻璃球等小型球类玩具，也不要让他们玩由容易破碎的小部件组成的玩具。让婴幼儿远离有锋利边缘、尖头及内部装有液体的玩具，也不要让他们接触放进嘴巴后或啃咬时容易裂开或破碎的玩具。

要确保工厂制作的玩具经过了严格质检、无毒无害。玩具动物和玩具娃娃不能有用胶水粘上或者用订书器订上的零件（比如，假发和眼睛）。在把玩具给幼儿玩耍之前，一定要把玩具的纸质商标撕掉。在材料安全性方面，艺术与创意材料研究所（Art and Creative Materials Institute, ACMI）提供了丰富的信息和资源，列举了很多适合幼儿的安全无毒的艺术、手工和创意材料。仅选用安全性能通过艺术与创意材料研究所确认的艺术和手工材料。

在准备塑料玩具或者幼儿奶瓶之前，一定要确保做了充足的安全调研功课。一定要确保它们厚实耐用，不含有毒双酚 A 化学成分，标签上必须明确注明"无双酚 A"。另外，一定要留意，尽量减少幼儿接触铅污染或有毒产品的机会，无论材料是自行采购的，还是外部捐献的，要确保仅使用符合美国消费品安全委员会（United States Consumer Product Safety Commission）质量标准的产品。要定期查看美国消费品安全委员会发布的回收玩具名单。美国玩具安全协会（Toy Safety Association, Inc.）也有提供玩具安全方面的信息。

0—3 岁幼儿的一举一动都需要被随时监督，他们玩的玩具也需要格外关注。要常常检查玩具的状态，任何破损都有可能将幼儿置于危险之中，应该及时修理，或者丢弃。玩具要经常清洁和消毒，这应该是每个早教机构的例行规则之一。剪掉所有玩具或游戏器材上的线和绳子。幼儿玩水时一定要密切监督，几厘米深的水就能导致幼儿溺水而亡。

材料选择

你所选择的在课堂上使用的玩具和器材一定要符合 0—3 岁幼儿的成长需要，要能促进幼儿四大学习领域（社会性－情绪、生理、认知和语言）技能的获得和提高。我会在具体的活动中谈到材料的适龄性以及四大领域的适用性。

回应式照料者非常留意在游戏过程中培养幼儿的合作意识和与人分享的良好品格，因此，照料者需要做到两件事。首先，必须准备一个存储玩具和器材的地方，把幼儿不经常使用的玩具和器材收进去，一段时间以后再把它们拿出来供幼儿玩耍。幼儿的知识、技能和想象力增强以后，通常会发现旧玩具的新玩法。被冷落的旧玩具会再次获得新生！其

次，有些玩具特别受众多幼儿的欢迎，要确保它们数量充足，避免幼儿哄抢打架。大多数幼儿在一天中通常会玩很多种玩具，不过，有时多个幼儿会同时想玩一种玩具，所以，要预备足够数量的玩具，避免引发幼儿的问题行为。

环境设计

作为高品质照料者，你已经认识到创建高品质环境的重要性。本书的配套图书《婴幼儿回应式养育理论》论述了高品质环境设计原则。市面上还有很多类似的书可以给你提供更多改善室内外养育环境的建议。特别鼓励你们自己对这个课题进行更深入的研究，怎么强调环境的重要性都不过分。

简单来说，高品质养育机构通常采用通用学习设计（Universal design for learning，UDL）设计养育环境。UDL 是特殊技术应用中心（Center for Applied Special Technology）提出的，它的基本原则在早期教育中具有非常重要的意义。UDL 认为幼儿的学习方式各不相同，为幼儿设计的教学环境应该支持每一个幼儿的学习特点，包括有特别需求或身体有残障的儿童的需求。

确切来讲，这意味着使用 UDL 设计的室内外环境可以为幼儿提供多样化学习资源。幼儿借助自身的感官探索和环境体验来学习，因此，他们

在积木区和戏剧表演区的学习经验是不同的。采用 UDL 设计的环境可以满足不同幼儿的个体需求。不同年龄组幼儿的桌椅高度都是根据具体年龄组的特点定制的，所有幼儿都有适用的桌椅。地板的表面很舒适，适合婴儿和学步儿在上面滚爬。小组活动区和中心区都是精心设计的，便于成年人和幼儿共同参与游戏项目，既能增进友情，又能避免聊天和游戏时相互干扰。

学习领域

幼儿在与年龄和发展相适应的环境中成长和学习的效果最好。回应式照料者非常重视幼儿的四大领域技能在游戏活动中获得全面发展。在这里，我会对每一个领域进行简单陈述，更多相关信息可以在《婴幼儿回应式养育理论》中找到。本书的游戏活动可以很好地支持幼儿四大领域的发展，我在每个活动的开始都会说明活动适用的发展领域。

社会性 – 情绪发展

我们把理解自己和他人的能力的发展称为社会性 – 情绪发展。社会性 – 情绪发展是幼儿幸福安康的基础。幼儿的社会性 – 情绪技能是在与成年人及同龄人的关系中同时发展的。回应式照料者能帮助幼儿建立健康的自我意识和自我同一性，并且帮助他们与成年人及同龄人建立积极的人际关系，教导他们学会自我管理、共情、关心他人、乐于分享。

生理发展

在人生的头三年，幼儿的生理和感知能力飞速发展。幼儿通过感觉器官，利用大肌肉和小肌肉技能探索世界，不断学习。回应式照料者对幼儿的生理需求反应灵敏——从给婴儿喂奶到为学步儿准备足够的空间自由探索。当幼儿的生理能力增强，从坐起，到学会爬，然后自己走路、吃饭、穿衣，照料者为他们的每一个生理变化感到欢欣鼓舞。

但是，这并不是幼儿早期发展的全部。幼儿掌握新技能的同时，感知能力和概念化能力也得到提高。感知能力发展就是我们所说的组织调动感官进行感官体验的能力。随着幼儿感知能力的提高，他们对世界的认识也更深刻了。有趣的是，知觉技能和运动技能具有特定的关联。与身体大肌肉相关的大动作技能，随着跳跃、舞蹈和行进等大动作的发展得到不断发展。学习控制肌肉及手部和指头运动的过程中，精细动作技能也得到锻炼。幼儿发展这些技能的同时，他们对世界的感知更加深刻，他们在其他领域的能力也越发精细和复杂。

认知发展

人从出生起，就开启了思考和学习能力的发展，且贯穿终生，我们把这种发展称为认知发展。随着幼儿思考、归因、解决问题能力的提升，他们更加了解世界运行的原理。幼儿的思路不断拓宽，新的想法也得到检验。这一点从他们对不断增长的认知技能的使用方式就能看出来。他们很快就能运用因果关系，形成记忆和空间意识，将不同的经验关联起来，有数字意识，可以模仿他人，遵守游戏规则，遵循简单的指令。

语言发展

把声音和语言整合起来的过程就是语言发展过程。学习语言是0—3岁幼儿的基本任务之一。从呱呱落地起，幼儿就开始了声音和语言游戏。回应式照料者会留心寻找一切机会帮助幼儿发展语言技能，比如倾听幼儿说话、对幼儿说话并读书给他们听等。回应式照料者深知语言学习与认识文字紧密相连，因此，会用声音、符号和语音等各种方式帮助幼儿获取语言技能。

提问开放式问题、使用恰当的语言可以帮助 0—3 岁儿童构建自己的词汇。照料者每日不断与幼儿说话，读书唱歌给幼儿听。在倾听照料者的过程中，幼儿的接受性语言和表达性语言都获得提升。韵词韵律游戏、音乐游戏、儿歌、手指游戏、印刷品等都可以促进幼儿语言能力的发展。让幼儿沉浸在富含语言的游戏中，帮助他们学习使用语言表达需求，把语言和真实世界的知识关联起来，帮助他们理解和使用概念性语言。你也可以借助图书引入新概念和语言，在这方面，怎么强调图书的重要性都不为过。

如何使用本书

在本书中，我设计了 101 个游戏活动，以促进幼儿四大领域的全面发展。这些活动在室内外都可以进行。如果我认为某个活动特别适合于某个特定时间或者特定活动区，比如，适合小组活动或者围坐时间，我会特别注明。每个活动方案都包含详细的信息，说明它能促进幼儿哪些领域的发展：

- 适用年龄
- 学习成果
  - 社会性－情绪发展
  - 生理发展
  - 认知发展
  - 语言发展
- 游戏材料
  - 推荐书目
- 游戏方法
  - 调整适用于两三岁儿童

○ 扩展活动

● 语言学习

○ 词汇

○ 活动用语

○ 歌曲、儿歌和手指游戏

每个活动的主要学习成果会用★标明，表明这个活动预计达到的学习和发展目标。每个活动的开头也列出了次要学习成果。根据主要和次要学习成果，照料者可以挑选帮助儿童跨发展领域学习的活动。例如，为了训练幼儿的社会性－情绪技能，你想选择一个合适的活动，那么你可以翻到附录部分，按照学习领域检索合适的活动。本书所列举的活动，可以帮助幼儿在特定领域进行学习，培养相应能力，将幼儿的学习全面整合起来。

有些活动特别适合婴儿，不适合大月龄幼儿，也有些活动与此相反，所以，每个活动都特别标注了合适的年龄：婴儿，学步儿，或者0—3岁儿童。在每个活动方案的右上角，你能找到活动的适龄信息。标注为学步儿的活动，特别适合两岁儿童。每个活动都有调整方案，使其适用于两岁儿童。你所照料的幼儿能力不一，因此你可能需要调整活动方案的难易程度，以适合不同能力的幼儿的需求。

每个活动方案都有相关推荐书目，并且配有一首歌曲或者儿歌。如前所述，阅读很重要，唱歌也同样重要。

图书与印刷品

通过长期接触文字与印刷品，幼儿逐渐构建起自己的词汇库并学习语言规则。高品质早教机构注重儿童的语言发展，提倡阅读，丰富多彩的图书是他们必不可少的常备物品。图书不仅为幼儿提供接触语言和文学的机会，也有助于幼儿认知世界。最好的做法是在幼儿活动的所有区域都摆上图书，无论是室内还是室外。实践证明，有真实物体图片的书比卡通书或者图画书效果更好。

为幼儿选择的图书应该符合他们的特定发展阶段的需求。婴儿喜欢把书放进嘴巴里，所以，给婴儿用的书应该很牢固，不易破损，书的材质应该易于吸引幼儿的兴趣，比如布或者厚纸板，并且要易于清洁。年龄小的幼儿喜欢无字书，无字书可以激发幼儿的想象力，进行创意解读，促进他们利用想象力讲述故事的能力的发展。一旦稍微了解文字和印刷品之间的关系，幼儿就开始构建自己的词汇库，认知能力的发展会得到很大促进。幼儿喜欢文字简单的大字体图书，比如埃里克·卡尔（Eric Carle）的《饥饿的毛毛虫》（*The Very Hungry Caterpillar*）。给幼儿读书时放慢语速，有助于他们将书上的印刷文字和口语建立联系。

家里或者社区随处可见的印刷品都可以促进幼儿的语言学习。帮助幼儿留意教室外面的各种标识、街道上的文字和符号、教室内活动区域中类似"图书和艺术区"的标识。到了他们开始蹒跚学步，或者两岁左右的时候，他们就能识别常见文字的颜色和形状，发现身边到处都是文字。

幼儿喜欢重复阅读，心爱的书反复读多少遍都不嫌多。他们非常喜欢有简单韵文和重复文字的绘本及故事书，比如，比尔·马丁（Bill Martin Jr.）的《棕熊，棕熊，你看到了什么？》（*Brown Bear, Brown Bear, What Do You See?*）以及《噼里啪啦嘭嘭》（*Chicka Chicka Boom Boom*）都是幼儿钟爱的图书。听起来傻里傻气的字词和看起来很可爱的图画会增加阅读的趣味性。给幼儿读书的时候，要注重双向互动：一边读，一边问一些关于图片的开放性问题，鼓励他们说出插图的颜色和含义等。这样的积极阅读既可以增加幼儿的词汇量，又有助于纠正他们的语言错误，为他们提供更多的语言学习机会。我们把这种阅读方式称为对话式阅读。

对话式阅读将被动（听读）转为主动（自己读）。幼儿根据自己听见和看见的内容提出问题，被提问的时候也能进行回答，在这个过程中，他们主动翻动书页，继续阅读。通过给照料者复述故事内容，以及与照料者一起讨论与故事相关的信息，幼儿获得语言技能。与照料者关系密切的幼儿在和照料者一起阅读的时候也能深切投入。幼儿对印刷品的兴趣随着学习和重复新词汇、辨识新物体而不断得到加强。每天至少为幼儿阅读 15~20 分钟效果最好。另外，要尽力让图书在保育中心随处可见。

歌曲、儿歌和手指游戏

歌曲、儿歌和手指游戏也能促进幼儿的语言发展。婴儿和学步儿特别喜欢听成年人唱歌，要教他们歌曲和童谣。押韵歌曲和韵文可以给幼儿带来极大的快乐，他们很自然地把这种快乐与语言关联在一起。即便幼儿还不能明白所唱的歌曲或儿歌的含义，他们依然喜欢把文字吟唱出来，或者做有关文字的游戏。教唱韵文的时候，可以一边唱一边拍手，或者敲打乐器，激发幼儿参与的兴趣。像"小小蜘蛛（Itsy, Bitsy Spider）""拍蛋糕（Pat-a-Cake）"这些耳熟能详的歌曲，既可以教导幼儿语言，又可以让幼儿获得练习手指精细动作技能的机会。好玩的歌曲、适于吟诵的短歌和有趣的手指游戏不仅教 0—3 岁儿童辨别语言单位，也借助音乐将各种声音混合在一起。让幼儿不断地沉浸在语言环境中，既可以增强他们学习语言的多种含义的能力，也为读写打下了基础。

这本书里的每一个活动都列出了建议学习的词汇表，也给出了可以使用的推荐图书，并且附有游戏中可以提问的问题。希望你能将这些建议应用到日常养育工作中。你的创意和想象力会让孩子们的生活更加丰富多彩！

小结

回应式照料者在 0—3 岁儿童的成长发育过程中扮演着重要角色。幼儿天生好奇，热爱探索。以游戏为主的活动，可以促进幼儿的好奇心。健康的关系是幼儿各项技能和能力蓬勃发展的核心基础。

本书设计的活动旨在帮助你更好地了解幼儿的学习和成长规律。这101 个活动中的每一个游戏都体现了回应式养育的重要性。每一个活动都体现了不同学习领域的融合。希望你能将这些活动内化成你自己的东西，在你为幼儿提供充满爱的高品质回应式养育的过程中，成为你的启发和灵感。非常鼓励你利用自己的创造性将这些活动方案调整为适合自己的方案，促进每个幼儿的成长需求。我们都知道，每个幼儿都是独特的，在充满爱和关怀的环境中，幼儿的学习效果最好。

世上再没有比幼儿更可爱、更珍贵的了。幼儿生命之初的前三年让人如此兴奋，但愿你所照料的幼儿能够激发你尝试本书中的活动，也但愿本书可以支持你和你所在的养育中心为 0—3 岁幼儿提供高品质活动。

宝贝的身体

游戏材料

推荐书目

- 《贝贝达芬奇：我的身体》（*Baby da Vici: My Body*），作者：Julie Aigner-Clark
- 《眼睛、鼻子、手指和脚趾》（*Eyes and Nose, Fingers and Toes*），作者：Bendon Publishing
- 《头、肩膀、膝盖和脚趾》（*Head, Shoulders, Knees, and Toes*），作者：Annie Kubler
- 《我的第一本身体纸板书》（*My First Body Board Book*），作者：DK Publishing
- 《蒲蒂，你的鼻子在哪里？》（*The Pudgy Where Is Your Nose?*），作者：Laura Rader
- 《宝宝的肚脐在哪里？》（*Where Is Baby's Belly Button?*），作者：Karen Katz

学习成果

社会性 – 情绪发展
- ★ 自我意识
- ○ 自我同一性

生理发展
- ○ 感知能力

认知发展
- ○ 记忆
- ○ 经验关联
- ○ 模仿他人

语言发展
- ★ 概念词汇
- ○ 接受性语言
- ○ 把文字和真实世界的知识相关联
- ○ 在游戏中使用语言

游戏方法

让婴儿仰面躺在毯子上，或者坐在你的双膝之间。碰触或者抓住婴儿的双脚，说出脚的名称。一边说，一边轻挠婴儿的脚丫。碰触或者握住婴儿的双腿，并说出腿的名称。就这样，从下至上，把婴儿身体的每个部分都说一遍，比如：膝盖、肚子、手指、手、胳膊、嘴巴、鼻子和眼睛。轻触或者抚摩他的头，并说出头的名称。把推荐图书读给婴儿听，教他们新词，和他们一起唱歌，或者一起念儿歌。

调整适用于两三岁儿童

和幼儿面对面坐在地板上。碰触自己身体的各个部位，说出各部位的名称，邀请幼儿模仿你做同样的事情。比如，你可以说："这是我的手，你的手呢？我们一起拍拍手吧。"

扩展活动

幼儿在日常游戏时，或者在你做日常事务时（比如，给幼儿穿、脱衣服），把你碰触到的幼儿身体部位的名称说出来。比如，抓住幼儿的胳膊和手，帮其伸进毛衣袖子时，说出手和胳膊的名称；给幼儿穿鞋袜的时候，说出脚趾和脚的名称。

语言学习

词汇

- 脚
- 肚子
- 手
- 嘴巴

- 耳朵
- 腿
- 肚脐
- 胳膊

- 鼻子
- 头
- 膝盖
- 手指

- 下巴
- 眼睛
- 头发

活动用语

"你的脚趾在哪里？哦！你的脚趾在这里！"（一个一个地把所有脚趾都碰触一遍。）
"你的手在哪里？哦！你的手在这里！"（说"手"的时候，帮幼儿把两只手拍在一起。）
"你的鼻子在哪里？可以像我一样皱一下鼻子吗？"（边说边皱鼻子。）

歌曲、儿歌和手指游戏

歌曲：《宝宝的脚丫在哪里？》
作词：金伯利·博安农（Kimberly Bohannon）
曲调：《雅克兄弟》（Frère Jacques）

宝宝的脚丫在哪里?　　　　　　　　宝宝的小手在哪里?

宝宝的脚丫在哪里?　　　　　　　　宝宝的小手在哪里?

在这里。　　　　　　　　　　　　　在这里。

在这里。　　　　　　　　　　　　　在这里。

动动脚趾。　　　　　　　　　　　　动动手指。

动动脚趾。　　　　　　　　　　　　动动手指。

挠挠脚。　　　　　　　　　　　　　拍拍手。

挠挠脚。　　　　　　　　　　　　　拍拍手。

歌曲:《笑眯眯的宝宝》

作词:琼·芭芭拉

曲调:《雅克兄弟》

笑眯眯的宝宝,　　　　　　　　　　你是这么特别。

笑眯眯的宝宝,　　　　　　　　　　你是这么特别。

在这里。　　　　　　　　　　　　　是的,就是你。

在这里。　　　　　　　　　　　　　是的,就是你。

歌曲:《头、肩膀、膝盖和脚趾》(Head, Shoulders, Knees, and Toes)(传统歌曲)

歌曲:《变戏法》(Hokey Pokey)(传统歌曲)

笑一个

游戏材料

✂ 手持小镜子

推荐书目

◈ 《宝宝的脸》（*Baby Faces*），作者：Margaret Miller

◈ 《眼睛、鼻子、手指和脚趾：关于你的第一本书》（*Eyes, Nose, Fingers, and Toes: A First Book All About You*），作者：Judy Hindley

◈ 《你好！再见！》（*Hello! Good-bye!*），作者：Aliki

◈ 《真是个好朋友！》（*A Splendid Friend, Indeed*），作者：Suzanne Bloom

◈ 《两只眼睛，一个鼻子，一张嘴》（*Two Eyes, a Nose, and a Mouth*），作者：Roberta Grobel Intrater

学习成果

社会性 - 情绪发展
★ 与成年人的关系
○ 自我意识
○ 自我同一性
○ 关心他人

生理发展
○ 感知能力

认知发展
○ 因果关系
○ 记忆
○ 模仿他人
○ 游戏进程

语言发展
★ 沟通需要
○ 接受性语言
○ 表达性语言

游戏方法

　　婴儿发出的第一个带有社交意义的信号是微笑。婴儿会摆动胳膊和腿、微笑以吸引照料者的注意。尽量常常鼓励他微笑，并以微笑回应他。对他的微笑做出回应时，要尽情地表达你的情绪，比如喜悦与幸福。轻轻地挠婴儿的下巴，看能否让他微笑和大笑。和婴儿说话，并对他微笑，可以加强你们之间的关系和社交参与度。和婴儿谈论一下镜子中的他，让婴儿看见镜中的自己。把推荐书目中的书读给婴儿听，把新词教给他，和他一起唱歌或一起念儿歌。

调整适用于两三岁儿童

和两岁左右的幼儿一起坐在大镜子前面。指着镜子中的他，谈谈他的容貌。把他的脸、手指和脚趾指给他看。教幼儿挥手打招呼、挥手再见和飞吻。

扩展活动

给正在玩耍和微笑的幼儿拍照。把推荐图书读给他听。告诉他如何交朋友，如何向人们表示关心。

语言学习

词汇

- 微笑
- 笑容
- 脸
- 美丽
- 大笑
- 开心
- 宝宝
- 镜子
- 特别

活动用语

"瞧，你笑了！你真是个特别的宝宝。我对你微笑，你也对我微笑。和我一起笑一个吧？你笑起来真漂亮！"

歌曲、儿歌和手指游戏

歌曲：《笑眯眯的宝宝》
作词：琼·芭芭拉
曲调：《雅克兄弟》

笑眯眯的宝宝，　　　　　　　　你是这么特别。
笑眯眯的宝宝，　　　　　　　　你是这么特别。
　　　在这里。　　　　　　　　是的，就是你。
　　　在这里。　　　　　　　　是的，就是你。

歌曲：《你的脸上笑眯眯》
作词：金伯利·博安农
曲调：《幸福拍手歌》(If You're Happy and You Know It)

你的脸上笑眯眯，
　　笑眯眯。
你的脸上笑眯眯，
　　笑眯眯。
你的脸上笑眯眯。
让我全天心里美。
你的脸上笑眯眯，
　　笑眯眯。

宝宝睡着了

游戏材料

推荐书目

- ✏ 《都睡了》（*All Asleep*），作者：Joanna Walsh
- ✏ 《我喜欢睡觉》（*I Love to Sleep*），作者：Amelie Graux
- ✏ 《我们去睡吧！》（*Let's Go to Sleep!*），作者：Patricia Geis
- ✏ 《睡觉》（*Sleep*），作者：Roger Priddy
- ✏ 《睡个好觉！》（*Sleep Tight!*），作者：Sue Baker

游戏方法

大多数婴儿不到半岁就已经开始关注其他婴儿。把醒着的婴儿抱到正在睡觉的婴儿旁边，让他观察睡眠中的宝宝。为了让婴儿仔细观察睡眠宝宝的举动，可以让他尽可能靠近睡眠中的婴儿。轻声和他谈论有关睡眠宝宝的事情，比如，你可以说："看！他们睡着了，因为他们玩累了。我们说话要小声哦，不要把他们吵醒。"把推荐图书读给婴儿听，教他们新词，和他们一起唱歌，或者一起念儿歌。

学习成果

社会性－情绪发展
- ★ 自我调节
- ★ 关心他人
- ○ 同伴关系

生理发展
- ○ 感知能力

认知发展
- ○ 因果关系
- ○ 记忆
- ○ 经验关联
- ○ 模仿他人
- ○ 遵循简单指令

语言发展
- ★ 沟通需要
- ○ 接受性语言
- ○ 表达性语言
- ○ 把文字和真实世界的知识相关联
- ○ 概念词汇

调整适用于两三岁儿童

给他读有关宝宝睡眠的书，比如罗伯塔·格罗贝尔·英特拉特（Roberta Grobel Intrater）的《睡觉》（*Sleep*），然后，带他去观察睡眠中的宝宝。用轻柔的声音和他谈论正在睡觉的宝宝。询问他宝宝在做什么？他们为什么要睡觉？

扩展活动

如果有一个宝宝醒来了，和幼儿谈一下宝宝做了什么让你认为他醒了。比如，"我听到了一些声音。你听到了吗？我想可能是莎莎从午睡中醒来了。我们过去看看吧，看看是不是莎莎醒了。"

语言学习

词汇

▶ 睡觉	▶ 安静	▶ 睡衣	▶ 小睡
▶ 毯子	▶ 困倦	▶ 吵闹	▶ 疲倦
▶ 床单	▶ 枕头	▶ 醒来	
▶ 闭眼	▶ 奶瓶	▶ 小床	

活动用语

"嘘！大家在睡觉——玛雅、杰克和托马斯都在睡觉。他们在睡觉，因为他们累了。他们的眼睛都闭上了。他们都盖着毯子保暖。我们必须非常安静，这样就不会把他们吵醒。"

歌曲、儿歌和手指游戏

歌曲：《宝宝在睡觉》

作词：金伯利·博安农

曲调：《下雨了，下起了瓢泼大雨》（It's Raining，It's Pouring）

睡觉觉。

睡觉觉。

我的宝宝睡觉觉。

闭上眼。

睡一会儿。

嘘——不要吵醒小宝宝。

歌曲：《宝宝睡了》

作词：琼·芭芭拉

曲调：《雅克兄弟》

宝宝睡了。

宝宝睡了。

他醒了。

他醒了。

看呐，宝宝在笑。

看呐，宝宝在笑。

你好吗？

你好吗？

动物宝宝的叫声

游戏材料

✂ 有小动物图片的书（无字书），比如 Priddy Bicknell 的《小兔子和朋友们》（*Bunny and Friends*）以及《小鸭子和朋友们》（*Duckling and Friends*）

推荐书目

✎ 《动物宝宝》（*Animal Babies*），作者：Stephen Cartwright

✎ 《动物宝宝》（*Baby Animals*），作者：Garth Williams

✎ 《野外的动物宝宝》（*Baby Animals in the Wild*），作者：Kingfisher

✎ 《宝宝感触动物》（*Baby Touch and Feel Animals*），作者：DK Publishing

✎ 《斑点最喜欢的动物宝宝》（*Spot's Favorite Baby Animals*），作者：Eric Hill

✎ 《触摸和感觉动物宝宝》（*Touch and Feel Baby Animals*），作者：Julie Aigner-Clark

学习成果

社会性 – 情绪发展
○ 自我意识
○ 与成年人的关系

生理发展
○ 精细动作技能

认知发展
○ 记忆
○ 经验关联
○ 模仿他人
○ 遵循简单指令

语言发展
★ 表达性语言
★ 阅读
○ 接受性语言
○ 把文字和真实世界的知识相关联
○ 在游戏中使用语言

游戏方法

很多婴儿都非常喜欢动物，他们会说的第一个字词常常是小动物的名字。让婴儿坐在你的膝头，给他读有关小动物的图书。把小动物的图片指给他看，或者让他也用手指着图片。告诉他这个小动物的名字，问他这个小动物的叫声是什么样的。如果需要，把这个小动物的叫声学给他听，并且让他学着你的样子重复动物的叫声。把相关新词、歌曲和儿歌教给婴儿。

调整适用于两三岁儿童

把推荐图书读给两三岁的幼儿听，同时，让他把小动物的名字说出来，并发出那个小动物的叫声。如果图片旁边有这个小动物的名字，指着那些字，把名字说出来。邀请两三岁的幼儿自己翻书页。

扩展活动

给幼儿读触摸书，让他们触摸书上的小动物，告诉他不同的动物触感不同，引入表达质感的词语：柔软的、毛茸茸的或凹凸不平的等。

语言学习

词汇

- ▶ 小动物的名字
- ▶ 动物
- ▶ 鸟巢
- ▶ 颜色词
- ▶ 农场
- ▶ 宝宝
- ▶ 跑
- ▶ 跳
- ▶ 池塘
- ▶ 动物的叫声（叽叽、汪汪、喵喵、咩咩、哞哞等）

活动用语

"这只小动物是什么？这只动物是小鸡。小鸡怎么叫？小鸡叽叽叫。你也叽叽叫一下。对了，小鸡叽叽叫。小猪怎么叫？小猪哼哼叫。"

歌曲、儿歌和手指游戏

歌曲：《小动物的叫声》

作词：金伯利·博安农
曲调：《山谷里的农夫》（The Farmer in the Dell）

小鸡叽叽叫。　　　　　　　　　小鸡叽叽叫，叽叽叫，叽叽叫。
小鸡叽叽叫。　　　　　　　　　　　　小鸡叽叽叫。

附加歌词：

小狗汪汪叫。
小猫喵喵叫。
小猪哼哼叫。

5

滚来滚去

游戏材料

✂ 小型或者中型球类

推荐书目

✎《接球！》(*Catch the Ball!*)，作者：Eric Carle

✎《埃尔莫的世界：球！》(*Elmo's World: Balls!*)，作者：Sesame Street

✎《我们打球吧！》(*Let's Play Ball!*)，作者：Serena Romanelli

✎《打球！》(*Play Ball!*)，作者：Apple Jordan

✎《打球！》(*Play Ball!*)，作者：Santiago Cohen

游戏方法

　　让婴儿独自坐立，你坐在他的对面。把球滚到他那里，观察他的反应。鼓励他把球滚到你这边来。就算他只能轻轻地推一下，也很好；探身把球拿过来，再次把球滚到他那里。球来回滚动，就像你一言我一语地对话。把推荐图书读给婴儿听，教他们新词，和他们一起唱歌，或者一起念儿歌。

调整适用于两三岁儿童

与两三岁的幼儿对坐，两人的距离可以稍微远一些。让球在你们之间来回滚动。

学习成果

社会性 − 情绪发展
○ 与成年人的关系
○ 自我调节
○ 分享

生理发展
★ 大动作技能
○ 感知能力

认知发展
★ 因果关系
○ 记忆
○ 空间意识
○ 经验关联
○ 模仿他人
○ 游戏进程
○ 遵循简单指令

语言发展
○ 接受性语言
○ 把文字和真实世界的知识相关联
○ 概念词汇
○ 在游戏中使用语言

邀请另一个幼儿加入你们的游戏，三个人一起轮流滚动球。

扩展活动

不要用说话，而是用唱歌的方式告诉幼儿把球滚到你这边。比如，借用歌曲《我们绕着桑树从》（Here We Go 'Round the Mulberry Bush'）的调子，唱："我们这样滚动球，滚动球，滚动球，我们这样滚动球，在清新的早上。"

语言学习

词汇

- ▶ 滚动
- ▶ 接住
- ▶ 看见
- ▶ 观察
- ▶ 你
- ▶ 回来
- ▶ 停
- ▶ 球
- ▶ 看
- ▶ 再次
- ▶ 我

活动用语

"你把球接住了。把它滚回来给我。我接住球了，我把它滚回给你。"

歌曲、儿歌和手指游戏

歌曲：《就这样》
作词：琼·芭芭拉
曲调：《我们绕着桑树从》

我们就这样滚动球，滚动球，滚动球；
我们就这样滚动球。
现在把球滚给我。

我们就这样滚动球，滚动球，滚动球；
我们就这样滚动球。
现在把球滚给我。

歌曲：《地上有个球》
作词：琼·芭芭拉

曲调:《幸福拍手歌》

那里有个球在地上，在地上。
那里有个球在地上，在地上。
　　我们看它怎么滚，
　　转着圈，打着滚。

那里有个球在地上，在地上。
那里有个球在地上，在地上。
　　我们看它怎么滚，
　　转着圈，打着滚。

宝宝吹泡泡

游戏材料

✂ 泡泡液（商店购买，或者用洗洁精和水自制）
✂ 泡泡棒，或者铁丝圈

推荐书目

✎《宝宝泡泡浴！》（*Bubble Bath Baby!*），作者：
　Libby Ellis
✎《气泡带来的烦恼》（*Bubble Trouble*），作者：
　Margaret Mahy
✎《气泡，气泡》（*Bubbles, Bubbles*），作者：
　Sesame Street
✎《吹气泡的恐龙辛达》（*Cinder the Bubble-Blowing Dragon*），作者：Jessica Anderson
✎《克利夫特数泡泡》（*Clifford Counts Bubbles*），
　作者：Norman Bridwell

学习成果

社会性－情绪发展
○ 自我意识
○ 与成年人的关系

生理发展
★ 感知能力

认知发展
★ 经验关联
○ 因果关系
○ 记忆
○ 空间意识

语言发展
○ 接受性语言
○ 表达性语言
○ 把文字和真实世界的知识相关联
○ 概念词汇

游戏方法

　　让婴儿躺或坐在地板上。让他能轻松看到你吹泡泡的情形，但是不要太靠近，以免泡泡落在他脸上，跑进眼睛里。仔细观察他的反应。他注意到泡泡了吗？用目光跟踪泡泡了吗？他有没有扭动身子试图抓住泡泡？泡泡破裂的时候，他有没有表现出惊讶的样子？根据他的反应确定后续的活动如何进行。比如，如果看到泡泡破裂，他表现得非常开心，那么，每次泡泡破裂的时候，你就开心地发出"啵……"的声音，让游戏更有趣。把推荐图书读给婴儿听，教他们新词，和他们一起唱歌，或者一起念儿歌。

调整适用于两三岁儿童

把泡泡棒放在两三岁幼儿的嘴边，鼓励他吹泡泡。如果他能自己拿住泡泡棒，就让他拿着吹，小心不要让他把泡泡棒放进嘴巴里。

扩展活动

如果室外有微风，把两三个小朋友带到室外去吹泡泡，吹泡泡活动可重复进行。当泡泡随风飞走，撞到树枝破裂时，你就发出兴奋和惊喜的叫声。

语言学习

词汇

- ▶ 泡泡
- ▶ 漂亮
- ▶ 碰触
- ▶ 小
- ▶ 飘动
- ▶ 泡泡棒
- ▶ 看
- ▶ 吹动
- ▶ 湿
- ▶ 大
- ▶ 破裂

活动用语

"快看我吹出了好多漂亮的泡泡。泡泡去哪儿了？啵！泡泡碰到地板，破裂了。看呀，更多泡泡又来了！"

歌曲、儿歌和手指游戏

歌曲：《一个气泡》
作词：金伯利·博安农
曲调：《幸福拍手歌》

我手上有个泡泡，在我手上。　　　　　　　　　我手上有个泡泡。
我手上有个泡泡，在我手上。　　　　　　我手上有个泡泡，在我手上。
　　　我手上有个泡泡。

附加歌词：

空中有个泡泡。
衬衣上有个泡泡。
到处都是泡泡。

7

嘿！朋友

游戏材料

推荐书目

- 《学校里的好朋友！》（*Friends at School!*），作者：Rochelle Bunnett
- 《恐龙和朋友们怎么玩》（*How Do Dinosaurs Play with Their Friends*），作者：Jane Yolen，Mark Teague
- 《这就是朋友！》（*That's What a Friend*），作者：P.K.Hllinan
- 《我们是最好的朋友》（*We Are Best Friends*），作者：Aliki

游戏方法

给婴儿大量时间练习爬行很重要。把两三个婴儿同时放在地板上，让他面对面，可以用枕头把他们的身子垫起来。在他们旁边坐下，和他们说话。你会看到，年龄稍大的婴儿会向其他婴儿挪动，试图碰触他们。把你在他们脸上看到的表情以及他们交流时发出的声音用语言描述出来。把推荐图书读给婴儿听，教他们新词，和他们一起唱歌，或者一起念儿歌。

学习成果

社会性－情绪发展
- ★ 同伴关系
- ★ 同理心
- ○ 自我意识
- ○ 自我同一性
- ○ 与成年人的关系
- ○ 关心他人

生理发展
- ○ 大动作技能
- ○ 精细动作技能

认知发展
- ★ 空间意识
- ○ 经验关联
- ○ 模仿他人
- ○ 游戏进程

语言发展
- ○ 接受性语言
- ○ 表达性语言
- ○ 概念词汇

调整适用于两三岁儿童

幼儿喜欢盯着其他幼儿的脸。拿一面小镜子给两三岁幼儿看，和他们谈谈他们在镜中看见了什么，把他们脸上的表情描述给他们听。帮助他们识别坐在他们旁边的孩子的面部和身体特征。自由活动或用餐的时候都可以做这样的活动。

扩展活动

幼儿可以自己挪动身体或者自行坐立的时候，鼓励他们一起玩耍。在他们中间放一个玩具或者物体，挪动或者旋转它，引起幼儿的注意，吸引他们拿起玩具玩耍。这种活动可以帮助幼儿学习轮流游戏。

语言学习

词汇

- ▶ 伙伴
- ▶ 大笑
- ▶ 朋友
- ▶ 交谈
- ▶ 微笑
- ▶ 肚子
- ▶ 看
- ▶ 扭动

活动用语

"快看！丹尼冲着他的朋友苏菲笑了！你们俩都在踢脚，还把身子扭来扭去。你们俩在说什么呢？你们两个宝宝是伙伴，就是朋友的意思。"

歌曲、儿歌和手指游戏

歌曲：《伙伴就是好朋友》
作词：金伯利·博安农
曲调：《山谷里的农夫》

伙伴就是好朋友。　　　　　　　　伙伴和你玩耍又说话。
伙伴就是好朋友。　　　　　　　　伙伴就是好朋友。

儿歌:《伙伴,伙伴》
作词:金伯利·博安农

　　伙伴,伙伴,你在哪里?
　　伙伴,伙伴,我找到了你。

儿歌:《运动伙伴》
作词:金伯利·博安农

　　伙伴,伙伴,和我一起笑。
　　伙伴,伙伴,和我一起玩。
　　伙伴,伙伴,对我微微笑。
　　伙伴,伙伴,对我扭身体。

　　伙伴,伙伴,我看见了你。
　　伙伴,伙伴,我爱你。

到我这里来

8

游戏材料

✄ 吸引幼儿注意的小玩具或者小物体，比如，可以发出声音的小玩具或者色彩鲜艳的小玩具。

推荐书目

✎《凯洛四处走》（*Caillou Moves Around*），作者：Christine L'Heureux
✎《第一步》（*First Steps*），作者：Lee Wardlaw
✎《我可以》（*I Can*），作者：Helen Oxenbury
✎《预备，走！》（*Ready, Set, Walk!*），作者：Warner Brothers
✎《动一动，扭一扭》（*Wiggle and Move*），作者：Sanja Rescek

学习成果

社会性－情绪发展
○ 自我意识
○ 自我同一性

生理发展
★ 大动作技能
○ 感知能力

认知发展
★ 空间意识
○ 因果关系
○ 遵循简单指令

语言发展
○ 接受性语言
○ 概念词汇

游戏方法

让正在学习爬行的婴儿趴在地上，鼓励他向你爬过来。你要坐在离他稍微远一点的地方，把玩具放在你身边。呼唤他的名字，鼓励他爬到你身边来拿玩具。他表现出爬的欲望和努力时，要及时鼓励。如果他爬到了你身边，把玩具给他让他玩。把推荐图书读给婴儿听，教他们新词，和他们一起唱歌，或者一起念儿歌。

调整适用于两三岁儿童

鼓励正在蹒跚学步的幼儿走到你面前。首先，把他放在熟悉的物体旁，让他可以借助这个物体站立。坐或者蹲在离他稍微远一点的地方，在你旁边放一个玩具。叫他的名字，邀请他走到你身边来拿玩具。如果他做到了，把玩具给他，鼓励他拿住玩具好好把玩。

扩展活动

婴儿能够爬行一小段距离的时候，拉大和他之间的距离，鼓励他爬得更远一些。

语言学习

词汇

- ▶ 爬
- ▶ 过来
- ▶ 这里
- ▶ 靠近
- ▶ 更近
- ▶ 几乎
- ▶ 更远
- ▶ 得到
- ▶ 我
- ▶ 玩具或物体的名字
- ▶ 手
- ▶ 活动
- ▶ 胳膊
- ▶ 腿

活动用语

"杰克，我有一个手铃，你想拿着摇一摇吗？我把它放在我旁边。看看你能不能爬到我这里来拿。活动你的胳膊，挪动你的腿。你越来越靠近手铃了！"

歌曲、儿歌和手指游戏

歌曲：《摇动玩具》

作词：琼·芭芭拉

曲调：《宾戈》（Bingo）

我有一个玩具，你看看。　　　　　　　　摇啊，摇啊，摇玩具，

快快爬到我这里。　　　　　　　　　　摇啊，摇啊，摇玩具，

摇啊，摇啊，摇玩具，　　　　　　　　快快爬到我这里。

（唱这首歌的时候，选择一个拨浪鼓、柔软的玩具或色彩鲜艳的物体来摇动。）

附加歌词：

重复以上歌词，用"走"替换"爬"。

9

你听到了吗？

游戏材料

推荐书目

- 《宝宝的声音：我们每天所听到的声音》（*Baby Sounds: A Baby-Sized Introduction to Sounds We Hear Everyday*），作者：Joy Allen
- 《宝宝的第一本关于声音的书》（*Baby's First Sounds*），作者：Hinkler Books
- 《嘭嘭嘀嘀，我的第一本声音书》（*Boom Boom, Beep Beep, Roar! My Sounds Book*），作者：David Diehl
- 《北极熊，北极熊，你听到了什么？》作者：Bill Martin Jr., Eric Carle
- 《环绕城镇的声音》（*The Sounds around Town*），作者：Maria Carluccio
- 《那是什么声音？》（*What's That Noise?*），作者：Sally Rippin

学习成果

社会性－情绪发展
- ○ 自我意识
- ○ 与成年人的关系

生理发展
- ○ 感知能力

认知发展
- ★ 记忆
- ○ 经验关联
- ○ 模仿他人
- ○ 遵循简单指令

语言发展
- ★ 概念词汇
- ○ 接受性语言
- ○ 表达性语言
- ○ 把文字和真实世界的知识相关联
- ○ 在游戏中使用语言

游戏方法

　　室外有无数的机会可以唤醒婴儿的感官。把婴儿带到室外，倾听各种声音，比如，汽车和卡车的声音，孩子们玩耍的声音，人们走动的声音，爬行动物及鸟类的声音，风吹动大树的声音，等等。停下脚步，把你听到的声音的名字说出来。指出产生声音的方向，或者发出声音的物体。看看婴儿会不会把目光转过去。每种声音都倾听几分钟，然后再转向其他声音。把推荐图书读给婴儿听，教他们新词，和他们一起唱歌，或者一起念儿歌。

调整适用于两三岁儿童

让幼儿倾听某种声音，并把声音的名字说出来。如果没看到发出声音的物体，和幼儿一起找一找，把声音的来源找出来。

扩展活动

模仿听到的声音，比如，狗叫的汪汪声，或者卡车开动发出的轰鸣声。告诉幼儿，"我听到狗在叫：汪！汪！汪！"鼓励幼儿模仿声音。"我们一起学狗叫吧：汪！汪！汪！"

语言学习

词汇

- ▶ 听到
- ▶ 倾听
- ▶ 安静
- ▶ 耳朵

- ▶ 嘘
- ▶ 耳语
- ▶ 什么
- ▶ 大声

- ▶ 轻声
- ▶ 声音
- ▶ 嘈杂

- ▶ 听到的声音的名字

活动用语

"我听到了声音，你听到了吗？是什么声音？从哪里发出来的？哦！我看见发出声音的是什么了。是树上那些叽叽喳喳的小鸟。你看见小鸟了吗？听到小鸟啾啾啾地叫了吗？"

歌曲、儿歌和手指游戏

歌曲：《把你的耳朵竖起来》

作词：金伯利·博安农

曲调：《变戏法》（Hokey Pokey）

竖起你的耳朵来倾听，
竖起你的耳朵来倾听，
竖起你的耳朵来倾听，
四处听一听。

让我们站好，要安静。
让我们好好来倾听。
现在快来告诉我，你听到的是什么。

情绪表达

游戏材料

推荐书目

- ✎《灰熊感觉很害怕》(*Bear Feels Scared*)，作者：Karma Wilson
- ✎《分享感受》(*Feelings to Share*)，作者：Todd, Peggy Snow
- ✎《小鹅古希》(*Gossie*)，作者：Oliver Dunrea
- ✎《鸽子也有情感》(*The Pigeon Has Feeling, too*)，作者：Mo Willems
- ✎《小镇上的声音》(*The Sounds around Town*)，作者：Maria Carluccio
- ✎《怎么了，小狗狗？》(*What's Wrong, Little Pookie?*)，作者：Sally Rippin

游戏方法

学习成果

社会性－情绪发展
- ★ 同理心
- ○ 同伴关系
- ○ 与成年人的关系
- ○ 关心他人

生理发展
- ○ 感知能力

认知发展
- ○ 因果关系
- ○ 记忆
- ○ 经验关联

语言发展
- ★ 沟通需要
- ○ 接受性语言
- ○ 表达性语言
- ○ 把文字和真实世界的知识相关联
- ○ 概念词汇
- ○ 阅读

　　婴儿能感受到他人的情感，会对他人的情绪表达做出反应。选一本书，比如从上面的推荐书目中选一本读给婴儿听。一边读，一边用声音表达出其中的情绪，比如，担心、慌张、惊讶、开心等——不管什么情绪都可以。把推荐图书读给婴儿听，教他们新词，和他们一起唱歌，或者一起念儿歌。

调整适用于两三岁儿童

和几个两三岁的幼儿坐在一起，给他们读书，比如 Deborah Guarina 的《你的妈妈是羊驼吗？》(*Is Your Mama a Llama?*)。与婴儿相比，两三岁的幼儿更容易捕捉到书中的情绪，并会发出"啊……哦……"的声音来表达他们的情绪，如果故事的结局是大团圆，他们会激动地鼓掌，表达他们快乐激动的心情。

扩展活动

和幼儿在一起的时候，随时关注他们的情绪，把他们的情绪描述出来，引起他们对自己情绪的注意。比如，幼儿大笑的时候，告诉他他在笑。也可以询问幼儿从其他小朋友那里听见或者看见了什么，给他们解释一下他们听到或看到的现象，比如"他们在大声笑，还有的人在微笑，黛比给他们读的书太有趣了。你看，他们笑得多开心啊！"

语言学习

词汇

▶ 感情　　▶ 关心　　▶ 看　　　▶ 大哭

▶ 有趣　　▶ 开心　　▶ 想要　　▶ 惊讶

▶ 流泪　　▶ 难过　　▶ 大笑

活动用语

"鸟宝宝在找什么呢？它想要妈妈。它很难过。它妈妈在哪里呢？它会找到妈妈吗？"

歌曲、儿歌和手指游戏

歌曲：《我们爱妈妈》

作词：琼・芭芭拉

曲调：《雅克兄弟》

我们爱妈妈。
我们爱妈妈。
是的，我爱她。
是的，我爱她。
我可以想妈妈。
我可以想妈妈。
我爱你。
我爱你。

附加歌词：
用"爸爸"或者和幼儿亲昵的其他家庭成员称呼替换歌词中的"妈妈"。

11

我来了

游戏材料

推荐书目

- 《宝宝开心，宝宝难过》（*Baby Happy, Baby Sad*），作者：Leslie Patricelli
- 《拥抱》（*Hug*），作者：Jez Alborough
- 《我全心全意地爱你》（*I Love You Through and through*），作者：Bernadatte Rossetti-Shustak
- 《哇！哇！宝宝的背包故事》（*Wah! Wah! A Backpack Baby Story*），作者：Mirianm Cohen
- 《和哇哇叫的宝宝在一起》（*What Shall We Do with the Boo-hoo Baby?*），作者：Cressida Cowell

游戏方法

带着爱心及时回应婴儿的需求，可以帮助婴儿建立起安全感和信心，这对婴儿健康地成长发育非常重要。他们心里难过或感到害怕的时候，要格外留意。即使你不能马上赶到他们身边，也要叫出他们的名字，安慰他们，让他们确信你很快会来到他们身边。把推荐图书读给婴儿听，教他们新词，和他们一起唱歌，或者一起念儿歌。

学习成果

社会性－情绪发展
★ 与成年人的关系
○ 自我意识
○ 自我同一性
○ 自我调节

生理发展
○ 感知能力

认知发展
○ 因果关系
○ 记忆
○ 空间意识
○ 经验关联

语言发展
★ 沟通需要
○ 接受性语言
○ 表达性语言
○ 把文字和真实世界的知识相关联
○ 概念词汇

调整适用于两三岁儿童

两三岁幼儿心情沮丧时，仍然需要照料者的关怀和关注，不过比起婴儿，他们更容易获得安慰，安静下来，因为他们的语言和沟通技能提高了（无论是接受性语言，还是表达性语言）。他们能更好地明白你的意思，也常常能告诉你哪里有问题或者他们需要什么。走到幼儿身边之前，持续和他们进行简短的对话。

扩展活动

在进行日常照料工作时，比如，给幼儿换尿布的时候，播放轻音乐或者轻柔的歌曲，可以让等待着你的照料的幼儿感到安慰。

语言学习

词汇

▶ 我来了　　▶ 我看见你了　　▶ 听到你了　　▶ 你是下一个
▶ 该你了　　▶ 马上来

活动用语

"听到你了，亚当。安顿好杰克，我马上到你那里去。""玛丽，看我给你带来了什么。我把你的奶瓶拿来了。来，坐在椅子上，让我给你喂奶吧。"

歌曲、儿歌和手指游戏

歌曲：《我来了》
作词：琼·芭芭拉
曲调：《划、划、划小船》（Row, Row, Row Your Boat）

来了，来了，我来了。　　　　　来吧，来吧，一起玩
　我马上走过去。　　　　　　　　和你欢声笑语。

歌曲：《我听到你了》

作词：金伯利·博安农

曲调：《你是我的阳光》（You're My Sunshine）

我听到了，亚当。　　　　　　　　　我来帮助你。

我马上就来，　　　　　　　　　　　现在，我来了，

来帮助你。　　　　　　　　　　　　给你喂奶。

没错，我来了，

附加歌词：

用其他小朋友的名字替换歌曲中的"亚当"，也可以把"给你喂奶"换成日常进行的其他活动名称，比如，"让我抱抱"或者"和我一起玩"。

12

多少个

游戏材料

✂ 多个大小相同的婴儿玩具（比如橡皮玩具或会发声的玩具）或者多个幼儿可安全使用的物体（比如塑料杯子）。

推荐书目

✎《放手！这是我的！一本关于分享的书》（*Hands Off! They Are Mine! A Book About Sharing*），作者：Mary Packard

✎《我在分享》（*I Am Sharing*），作者：Mercer Mayer

✎《我们分享吧》（*Let's Share*），作者：P.K. Hallinan

✎《我的！芝麻街关于分享的书》（*Mine! A Sesame Street Book About Sharing*），作者：Linda Hayward

✎《分享时间》（*Sharing Time*），作者：Elizabeth Verdick

游戏方法

学习成果

社会性－情绪发展
- ★ 分享
- ○ 自我意识
- ○ 自我同一性
- ○ 同伴关系
- ○ 自我调节
- ○ 同理心

生理发展
- ○ 精细动作技能

认知发展
- ★ 数字意识
- ○ 经验关联
- ○ 模仿他人
- ○ 游戏进程
- ○ 遵循简单指令

语言发展
- ○ 接受性语言
- ○ 表达性语言
- ○ 把文字和真实世界的知识相关联
- ○ 概念词汇
- ○ 在游戏中使用语言

让婴儿学会分享需要时间，你可以通过一些简单的游戏帮助他们一点一点学习。比如，让婴儿在一起玩同样的玩具，和他们聊一聊关于玩具的事情。两个照料者合作，让两三个婴儿坐在旁边，或者让婴儿坐在照料者腿上。给每个婴儿同样的玩具，让他们拿在手上，或者放在他们身边的地板上。告诉他们每人都有一个玩具，每个玩具都是一样的。大声点玩具的数目，告诉婴儿每人有几个玩具，他们总共有多少个玩具。把推荐图书读给婴儿听，教他们新词，和他们一起唱歌，或者一起念儿歌。

调整适用于两三岁儿童

给两三岁的幼儿一两个不同的玩具。鼓励他们分辨玩具的区别，让他们说出玩具的名字，谈一谈玩具的相同点和不同点。比如，可以说："杰西的玩具是什么？不错，杰西也有一辆小汽车。杰西的小汽车能像安吉的那样发出响声吗？"

扩展活动

给幼儿功能相同的玩具，比如可以在地板上滚动的球。不要告诉他们玩具的外表或物理性质有哪些共同之处，相反，告诉他们玩具的哪些功能是相同的。比如，玩具可以发出响声吗？球掉在地上会弹起来吗？它们能从地板的这边滚到那边吗？鼓励幼儿检验玩具的相同点；比如："让我们看一下，你的球是否也能在地板上从这边滚到那边去。"

语言学习

词汇

- ▶ 玩具的名字
- ▶ 她的
- ▶ 一
- ▶ 你的玩具
- ▶ 我的
- ▶ 二
- ▶ 他 / 她的玩具
- ▶ 相同的玩具
- ▶ 三
- ▶ 你的
- ▶ 分享
- ▶ 四
- ▶ 他的
- ▶ 请
- ▶ 五
- ▶ 谢谢
- ▶ 玩具的物理性质（比如它们的颜色、形状、质地等）

活动用语

"看呀！艾丽有条鱼。还有谁有鱼？你的鱼呢，艾玛？艾玛的鱼和艾丽的鱼一样。"

歌曲、儿歌和手指游戏

歌曲：《我们分享》
作词：金伯利·博安农
曲调：《山谷里的农夫》

我们分享玩具。　　　　　　　　　我们轮流玩，还用新词语。
我们分享玩具。　　　　　　　　　是的，我们一起分享玩具。

儿歌：《同样的游戏》
作词：金伯利·博安农

让我们一起玩玩具，　　　　　　　先说说名字吧，
看看它们哪里是一样的。　　　　　"这是一辆玩具汽车。"

（问有关玩具的问题。找个和这个玩具相仿的物品，问幼儿这个物品和玩具哪里相同，
哪里不同。）

附加歌词：
用身边其他物品的名字替换"玩具汽车"。

13

音乐宝贝

游戏材料

- ✂ 激光唱机或音乐播放器
- ✂ 存有简短儿歌的光盘或者音乐文件（幼儿喜欢的歌曲都可以）

推荐书目

- ✎ 《贝贝莫扎特：到处都是音乐》（*Baby Mozart: Music Is Everywhere*），作者：Julie Aigner-Clark
- ✎ 《埃尔莫的世界：音乐！》（*Elmo's World: Music!*），作者：Random House
- ✎ 《音乐：发现音乐》（*Music: Discovering Musical Horizons*），作者：Brainy Baby Company
- ✎ 《演奏音乐》（*Music Play*），作者：H. A. Rey
- ✎ 《拍拍小兔子：兔子摇一摇》（*Pat the Bunny: Shake, Shake, Bunny*），作者：Golden Books

学习成果

社会性－情绪发展
- ★ 同伴关系
- ○ 自我意识
- ○ 与成年人的关系

生理发展
- ○ 大动作技能

认知发展
- ○ 因果关系
- ○ 记忆
- ○ 空间意识
- ○ 经验关联
- ○ 游戏进程
- ○ 遵循简单指令

语言发展
- ★ 音乐、节奏和韵律
- ○ 接受性语言
- ○ 表达性语言
- ○ 在游戏中使用语言

游戏方法

　　音乐是儿童早期教育非常重要的一部分，音乐可以促进儿童各个学习领域的全面发展。大部分儿童都喜欢听音乐，并会随着音乐扭动。这个游戏和"听音乐抢座椅游戏"相仿。音乐响起的时候，抱着婴儿在房间四处走动，音乐停止，脚步也停止。音乐再次响起的时候，再次开始走动。停止走动或者开始走动的时候，你的表现越激动，婴儿可能对游戏越关注。把推荐图书读给婴儿听，教他们新词，和他们一起唱歌，或者一起念儿歌。

调整适用于两三岁儿童

两三岁的儿童更喜欢玩传统的"听音乐抢座椅游戏"。音乐响起的时候，让幼儿在房间四处走动，想走到哪里就走到哪里。音乐停止的时候，让幼儿坐下，可以坐在地板上。

扩展活动

邀请其他照料者和幼儿加入你们的游戏。你和另外一个照料者一边走动，一边唱歌。停止歌唱的时候，就站住不动。同样，表现出你对游戏的热情，不断改变走动的方式（快走、慢走、浑身扭动，或手舞足蹈），刺激幼儿更加兴奋和投入。

语言学习

词汇

- 唱歌
- 快走
- 跳舞
- 挪动
- 停
- 歌曲
- 慢走
- 走动
- 玩游戏
- 走
- 音乐

活动用语

"我们听音乐吧。音乐响起的时候，我们就在房间走动，音乐停止的时候，我们必须停止走动。哦！我听见音乐了，我们必须走起来！哦！哦！音乐停止了，我们必须停止走动。"

歌曲、儿歌和手指游戏

歌曲：《停止和走动》

作词：金伯利·博安农

曲调：《这位老先生》(This Old Man)

停止，走动。

停止，走动。

让我们快快走。

音乐响起时，

我们绕着房间走。

音乐停止时，

我们也停下脚步。

我的游戏

游戏材料

✂ 可以移动、改变形状，或者可以拆分的玩具（零部件不能太小）

推荐书目

✎《宝宝游戏时间！》（*Baby Playtime!*），作者：DK Publishing

✎《宝宝的第一个玩具》（*Baby's First Toys*），作者：Hinkler Books

✎《游戏时间》（*Playtime*），作者：Claire Belmont

✎《游戏时间》（*Playtime*），作者：Roger Priddy

✎《游戏时间：推，拉，玩》（*Playtime: Push, Pull, and Play*），作者：Emma Damon

✎《快来躲猫猫！游戏时间》（*Pop-up Peekaboo! Playtime*），作者：DK Publishing

学习成果

社会性 – 情绪发展
★ 自我意识
○ 自我同一性

生理发展
○ 感知能力
○ 精细动作技能

认知发展
★ 因果关系
○ 记忆
○ 空间意识
○ 经验关联

语言发展
○ 接受性语言
○ 表达性语言
○ 把文字和真实世界的知识相关联
○ 概念词汇

游戏方法

儿童从一个人玩到多人一起玩需要一个过程。一般来讲，婴儿大部分时间一个人玩，玩的时候伴随着简单的重复性动作，有时会玩玩具或某个物品，也可能根本无须任何玩具或物品。这个游戏需要一个玩具或物品。把这个玩具或物品给婴儿，婴儿会不停地挤压玩具、把玩具来回滚动或者摇动。他也可能会把自己的手指举在面前，不停地挥舞，不仅对手指运动感到惊奇，也惊奇于自己竟然能让手指移动。把推荐图书读给婴儿听，教他们新词，和他们一起唱歌，或者一起念儿歌。

调整适用于两三岁儿童

大多数两三岁儿童的运动能力比之前更加精细了，他们的关注时间也比之前更长了一些。尝试任何新动作之前，他们不厌其烦地重复已经掌握的旧动作，甚至达到让人惊奇的地步。

扩展活动

加入幼儿的游戏，幼儿做什么，你就做什么。和他谈一谈你们正在做的事情。

语言学习

词汇

▶ 滚动　　　　▶ 推动　　　　▶ 拉动　　　　▶ 敲打

▶ 压扁　　　　▶ 摇动　　　　▶ 投下　　　　▶ 压碎

▶ 扯破　　　　▶ 抓住

活动用语

"你手里拿的是什么？你拿着一张纸。纸能发出声音：刺啦，刺啦。你把纸弄得刺啦刺啦地响。"

歌曲、儿歌和手指游戏

歌曲：《我们在玩耍》

作词：琼·芭芭拉

曲调：《伦敦大桥垮下来》（London Bridge Is Falling Down）

看呀，孩子们学习又成长，　　　　　听他们的笑声，看他们的笑容。
　　学习又成长，　　　　　　　　　　　　看他们的笑容。
　　学习又成长。　　　　　　　　　　　　看他们的笑容。
看呀，孩子们学习又成长，　　　　　听他们的笑声，看他们的笑容。
　　我们在玩耍。　　　　　　　　　　　　我们在玩耍。

15

躲猫猫

游戏材料

推荐书目

- 《眼睛、鼻子、手指和脚趾：第一本关于你的书》（*Eyes, Nose, Fingers, and Toes: A first Book All About You*），作者：Judy Hindley
- 《你好！再见！》（*Hello! Good-bye!*），作者：Aliki
- 《我的手》（*My Hands*），作者：Aliki
- 《你的朋友在哪里？》（*Where Is My Friend?*），作者：Simms Taback

游戏方法

婴儿喜欢玩躲猫猫游戏。只要用手遮住自己的脸，再把手拿开，你就会看见婴儿脸上惊喜的笑容。婴儿正在学习认知物体的永久性，他们知道就算看不见你的脸，你依然存在。这个游戏有助于强化婴儿的记忆以及掌控周边环境的能力。把推荐图书读给婴儿听，教他们新词，和他们一起唱歌，或者一起念儿歌。

调整适用于两三岁儿童

两三岁的儿童喜欢把自己的脸用手遮起来，让你找他。

学习成果

社会性－情绪发展
○ 自我意识
○ 自我同一性
○ 与成年人的关系
○ 关心他人

生理发展
○ 精细动作技能

认知发展
★ 因果关系
○ 记忆
○ 经验关联
○ 模仿他人
○ 游戏进程

语言发展
○ 接受性语言
○ 表达性语言
○ 音乐、节奏和韵律
○ 在游戏中使用语言

扩展活动

把发条音乐玩具上满弦。演示给幼儿看如何上弦，让幼儿倾听上弦时发出的声音。把上弦玩具藏在容易发现的地方。让幼儿循着音乐，寻找被藏起来的发条玩具。刚开始的时候，幼儿可能需要一些帮助，不过，他们很快就会学会如何找到它，然后他会把玩具藏起来，让你找。

语言学习

词汇

- 躲猫猫
- 手
- 我
- 藏
- 看见
- 你
- 脸

活动用语

"我要藏到我的手后面了。你能看见我吗？你看见了！宝宝在哪里？老师在哪里？"

歌曲、儿歌和手指游戏

歌曲：《你在哪里？》
作词：金伯利·博安农
曲调：《雅克兄弟》

你在哪里？	真高兴看见你。
你在哪里？	真高兴看见你。
躲猫猫，	我爱你。
躲猫猫，	我爱你。

儿歌：《躲猫猫》
作词：金伯利·博安农

躲猫猫，
躲猫猫，
我看见你。

躲猫猫，
躲猫猫，
我爱你。

和我一起念韵文

游戏材料

✂ 包含幼儿熟悉的韵文、手指游戏和歌曲的书

推荐书目

📖《儿童宝典：儿歌》（*A Children's Treasury of Nursery Rhymes*），作者：Linda Bleck

📖《儿童宝典：幼儿歌曲》（*A Children's Treasury of Songs*），作者：Linda Bleck

📖《噼里啪啦，嘭嘭》（*Chicka Chicka Boom Boom*），作者：Bill Marting Jr.，John Archambault

📖《克拉尔·毕顿的睡前儿歌》（*Clare Beaton's Bedtime Rhymes*），作者：Simms Taback

📖《幼儿手指游戏和歌曲》（*Fingerplays and Songs for the Very Young*），作者：Random House

📖《拍蛋糕！童谣》（*Pat-a-Cake! Nursery Rhymes*），作者：Annie Kubler

学习成果

社会性－情绪发展
○ 自我意识
○ 自我同一性
○ 与成年人的关系

认知发展
○ 记忆
○ 经验关联
○ 数字意识
○ 模仿他人
○ 游戏进程
○ 遵循简单指令

语言发展
★ 音乐、节奏和韵律
★ 在游戏中使用语言
○ 接受性语言
○ 表达性语言

游戏方法

选一首你认为能引起婴儿兴趣的韵文、手指游戏或歌曲，可以从本游戏建议的歌曲和手指游戏中选一个，也可以按照自己的喜好自行选择。把婴儿抱在膝头，或者让他坐在地板上，你坐在他身边。开始唱歌，一定要让他感受到你唱歌的热情，可以一

边唱，一边随着歌曲的含义把幼儿的胳膊或腿举起来，做蜘蛛爬的样子。一天中重复做几次这个游戏。重复做同一个游戏，会让婴儿感到很舒服。很快，只要熟悉的歌曲响起，婴儿就会让你看见他已经开心地学会了这个游戏。把推荐图书读给婴儿听，教他们新词，和他们一起唱歌，或者一起念儿歌。

调整适用于两三岁儿童

两三岁的儿童已经可以和你一起唱歌做动作，或者想要自己玩游戏。和他们一起玩的时候要面带笑容，告诉他们"小蜘蛛"爬上你的胳膊或者腿的时候，要表现出痒的样子。

扩展活动

进行例行日常活动时，可以加入一些歌曲或韵文。幼儿不仅喜欢重复听熟悉的歌曲或儿歌，在做某些特定活动时，他们也会一起唱起来、动起来，比如换尿布的时候、饭后洗脸洗手的时候。当你看见他在期待后续活动，比如寻找水池或者换尿布的台子，你就知道他已经建立起相关活动之间的关联。

语言学习

词汇

选择你和幼儿一起唱的歌曲或儿歌中的词语，下面列举的这些词语是从《小小蜘蛛》（Itsy, Bitsy Spider）里面选出来的，仅供参考。

▶ 小的	▶ 太阳	▶ 雨	▶ 水龙头
▶ 爬	▶ 极小的	▶ 晒干	▶ 冲洗
▶ 下去	▶ 上来	▶ 蜘蛛	▶ 再次

活动用语

"我给你讲个小蜘蛛遇到大雨的故事吧。假装我的手指就是那只小蜘蛛。看啊，我唱歌的时候，小蜘蛛沿着水龙头向上爬。下大雨的时候，发生了什么呢？小蜘蛛就像这样，被大雨从水龙头上冲下来了——嗖！"

歌曲、儿歌和手指游戏

歌曲：《洗洗脸和手》

作词：金伯利·博安农

曲调：《头、肩膀、膝盖和脚趾》

我们去洗洗脸和手，

脸和手。

我们去洗洗脸和手，

脸和手。

我们去拿上毛巾和香皂。

我们去洗洗脸和手。

哗哗哗，哗哗哗。

手指游戏：《小小蜘蛛》（传统歌曲）

手指游戏：《拍蛋糕》（Pat-a-Cake!）（传统歌曲）

手指游戏：《滴答滴答钟声响》（Hickory Dickory Dock）（传统歌曲）

触摸盆

游戏材料

- ✂ 塑料盆，比如，小洗衣盆
- ✂ 适合幼儿用小手和嘴巴探索的不同种类的小物品
  - 材质不同的小玩具
  - 不同质地的织物（粗麻布、天鹅绒、人造毛皮、羊毛……）
  - 干净的婴儿食品罐或冷冻果汁罐的盖子
  - 碰撞时会发出声音的物品，如量杯和勺子

推荐书目

- ✎《宝宝触摸感受 1，2，3》（*Baby Touch and Feel 1,2,3*），作者：DK Publishing
- ✎《宝宝触摸感受农场》（*Baby Touch and Feel Farm*），作者：DK Publishing
- ✎《小熊维尼的触觉探访》（*Pooh's Touch and Feel Visit*），作者：A. A. Milne
- ✎《触觉冒险：发现颜色和质地》（*Touch and Feel Adventure: Discovering Colors and Textures*），作者：Alexis Barad-Cutler
- ✎《谁的背疙疙瘩瘩？》（*Whose Back Is Bumpy?*），作者：Kate Davis

学习成果

社会性－情绪发展
- ○ 自我意识
- ○ 自我同一性
- ○ 同伴关系
- ○ 分享

生理发展
- ★ 精细动作技能
- ○ 感知能力

认知发展
- ★ 经验关联
- ○ 因果关系
- ○ 空间意识

语言发展
- ○ 接受性语言
- ○ 表达性语言
- ○ 把文字和真实世界的知识相关联
- ○ 概念词汇
- ○ 在游戏中使用语言

游戏方法

把预备好的物品放在盆里，盆放在婴儿伸手可及的地方，方便婴儿探索其中的物品。让婴儿靠着你坐着，或者自行坐着。如果婴儿倾向于趴在地板上，就把物品放在地板上他触手可及的地方，或者稍微爬一下就能拿到物品的地方，顺便鼓励他练习爬行。把推荐图书读给婴儿听，教他们新词，和他们一起唱歌，或者一起念儿歌。

调整适用于两三岁儿童

盆里装上沙子，鼓励幼儿练习用勺子舀沙子，并把勺子里的沙子倒出来。

扩展活动

把盆拿到室外，从自然环境中收集一些幼儿可以安全触摸的物品，把物品装进盆里，供幼儿摸索、探索。

语言学习

词汇

▶ 触摸	▶ 黏糊糊	▶ 抓住	▶ 温暖
▶ 毛茸茸	▶ 手指	▶ 疙疙瘩瘩	▶ 听到
▶ 手	▶ 盆	▶ 冷	
▶ 砰	▶ 柔软	▶ 噪音	
▶ 品尝	▶ 亮闪闪	▶ 平滑	

活动用语

"这个球真好玩，到处都是凸起，浑身疙疙瘩瘩的。摸到这些凸起了吗？捏一捏球，发生了什么？它发出了一些声音！"

歌曲、儿歌和手指游戏

歌曲：《盆里有什么》

作词：琼·芭芭拉

曲调：《大家在一起》（The More We Get Together）

盆里有什么？有什么，有什么？
　　盆里有什么？快来看一看。
　　软的、硬的，各种东西。

　　圆的，方的，各种东西。
　　盆里有什么？有什么，有什么？
　　盆里有什么？快来看一看。

水宝宝

游戏材料

- ✂ 水
- ✂ 两三条大毛巾
- ✂ 小水盆，或者其他容器
- ✂ 几块小手绢
- ✂ 几个用来舀水的小塑料杯

推荐书目

- ✎《宝宝的脸：哗哗哗！》（*Baby Faces: Splash!*），作者：Roberta Grobel Intrater
- ✎《宝宝的触觉世界：水花四溅》（*Baby's World Touch and Explore: Splish-Splash*），作者：DK Publishing
- ✎《一起玩滑水板的小伙伴：游泳吧！》（*Board Buddies: Swim!*），作者：A. A. Milne
- ✎《水花四溅！》（*Splash!*），作者：Flora McDonnell
- ✎《水花四溅！》（*Splash!*），作者：Sarah Garland

学习成果

社会性－情绪发展
- ○ 自我意识
- ○ 自我同一性

生理发展
- ○ 感知能力
- ○ 大动作技能
- ○ 精细动作技能

认知发展
- ★ 因果关系
- ○ 空间意识
- ○ 经验关联
- ○ 模仿他人
- ○ 游戏进程
- ○ 遵循简单指令

语言发展
- ★ 概念词汇
- ○ 接受性语言
- ○ 表达性语言
- ○ 沟通需要
- ○ 把文字和真实世界的知识相关联
- ○ 在游戏中使用语言

游戏方法

在这个活动中，你和婴儿都有可能弄湿衣服，一定要做好相应的准备工作。同时，要确保小手绢干净，婴儿很有可能会把它放进嘴里。在地板上铺一块大毛巾。把水盆和小手绢放在大毛巾上，水盆里放 1 厘米左右深的水。你和婴儿一起坐在大毛巾上，把水盆摆在面前。把干的小手绢给婴儿看，并让他用手摸一下干的手绢，体验一下触感。然后，让婴儿把手绢丢进水盆里，如果需要，演示给他看如何把手绢丢进水盆里。把手绢从水盆里拿出来，让婴儿摸浸透了水的手绢，感受湿手绢的触感。鼓励婴儿把手伸进水盆里，或者用塑料杯把水舀起来，再倒进盆里去，直接体验水的各种属性。把推荐图书读给婴儿听，教他们新词，和他们一起唱歌，或者一起念儿歌。

调整适用于两三岁儿童
让幼儿在水里用小手绢清洗塑料娃娃或者其他玩具。

扩展活动
在温暖晴朗的天气里，把幼儿带到室外。用细细的水流冲洗幼儿的腿，或者让他用手指、脚趾轻触水面，扩展他们对水的感知。

语言学习

词汇

- 湿的
- 握紧
- 冷
- 干的

- 干净
- 品尝
- 水

- 清洗
- 哗啦啦
- 手绢

- 丢下
- 拧
- 水盆

活动用语
"手绢现在是干的，摸一摸，感受一下。它是干的。把手绢丢进水盆里，会发生什么呢？现在，手绢还是干的吗？不，手绢现在是湿的了。完全被水浸湿了。我把手绢拧一下，看看会发什么。有水流出来了！哗哗哗！哗哗哗！"

歌曲、儿歌和手指游戏

歌曲：《水滴落下》

作词：琼·芭芭拉

曲调：《雅克兄弟》

水滴落下，　　　　　　　　拧一下手绢，

水滴落下，　　　　　　　　拧一下手绢。

滴呀滴，　　　　　　　　　拧个圈，

滴呀滴，　　　　　　　　　拧个圈。

看呀，水滴落下，　　　　　看呀，水滴落下，

看呀，水滴落下，　　　　　看呀，水滴落下。

滴呀滴，　　　　　　　　　拧个圈，

滴呀滴，　　　　　　　　　拧个圈。

19

你看见了什么？

游戏材料

推荐书目

✎ 《家庭里接触最早的 101 个字词》（*101 First Words at Home*），作者：Hinkler Studios

✎ 《最早学到的 100 个词》（*First 100 Words*），作者：Roger Priddy

✎ 《掀开看看：最早学到的词》（*Flaptastic First Words*），作者：DK Publishing

✎ 《我的大本动物书》（*My Big Animal Book*），作者：Roger Priddy

✎ 《会动的东西》（*Things That Move*），作者：Jo Litchfield

✎ 《最早学到的词》（*Very First Words*），作者 Felicity Brooks

学习成果

社会性 – 情绪发展
○ 自我同一性
○ 与成年人的关系

生理发展
○ 感知能力

认知发展
○ 记忆
○ 空间意识
○ 经验关联
○ 遵循简单指令

语言发展
★ 接受性语言
★ 把文字和真实世界的知识相关联

游戏方法

让婴儿坐在你的腿上（室内室外皆可）。把周围的事物指给他看。慢慢地把他的注意力集中到他最有可能注意的事情上，比如，颜色鲜艳的物体，或者会发声的物体。把你指给他看的物品名称告诉他，和他聊聊关于这个物品的事情。

把推荐图书读给婴儿听，教他们新词，和他们一起唱歌，或者一起念儿歌。

调整适用于两三岁儿童

把物品指给幼儿看，并告诉他物品的名称以后，问他看见的是什么。如果哪些物品能发声，比如狗或者猫，问他这个动物会怎么叫。

扩展活动

扶着幼儿四处走动，随时停下，把物品指给他看。

语言学习

词汇

- 什么
- 谁
- 杯子
- 草地
- 哪里
- 桌子

- 颜色形容词
- 小鸟
- 看
- 椅子
- 天空
- 云朵

- 看见
- 地毯
- 窗户
- 树
- 那里
- 门

- 矮树丛
- 这个
- 在室内看到的其他物品
- 在室外看到的其他物品

活动用语

"这是什么？这是椅子。谁坐在椅子上？查理坐在椅子上。"

"你看那是什么？是一棵大树。这棵树的叶子是彩色的，它们落在草地上了。"

歌曲、儿歌和手指游戏

歌曲：《你看见了啥？》
作词：金伯利·博安农
曲调：《伦敦大桥垮下来》

往这边看呀，你看见了啥？　　　　　　　　　看见了啥？

看见了啥？   红色的皮球。

往这边看呀，你看见了啥？

附加歌词：
用周围其他物体的名字替换"红色的皮球"（比如，卡车、小鸟、大树）。

鞋盒里是什么？

游戏材料

- ✄ 带盖的鞋盒
- ✄ 可以放进鞋盒的小玩具或者小物品（比如量杯、小勺）
- ✄ 摇铃
- ✄ 柔软的动物

推荐书目

- ✎《看！》（*Look!*），作者：Annie Kubler
- ✎《宝宝看见了什么？》（*What Does Baby See?*），作者：Begin Smart Books
- ✎《奶奶的购物袋里有什么？》（*What's in Grandma's Grocery Bag?*），作者：Hui-Mei Pan
- ✎《盒子里面是什么？》（*What's in the Box?*），作者：Richard Powell
- ✎《玩具盒子里面是什么？》（*What's in the Toy Box?*），作者：Dawn Bentley

学习成果

社会性－情绪发展
- ○ 自我意识

生理发展
- ★ 精细动作技能
- ○ 感知能力

认知发展
- ★ 记忆
- ○ 因果关系
- ○ 空间意识
- ○ 经验关联
- ○ 数字意识
- ○ 遵循简单指令

语言发展
- ○ 接受性语言
- ○ 表达性语言
- ○ 把文字和真实世界的知识相关联
- ○ 概念词汇
- ○ 在游戏中使用语言

游戏方法

把东西放进鞋盒里，盖上盖子。如果婴儿还不能自行坐立，坐在他后面，让他靠着你；如果他已经能自行坐立，你就坐在他旁边。把鞋盒放在婴儿面前的地板上。拿起一个鞋盒，晃一晃，问婴儿里面是什么。鼓励他把盒盖拿下来，向里面看看。如果婴儿自己不能把盒盖拿下来，帮他慢慢地拿下，把打开的鞋盒给他看，问他看见了什么。拿出另外一个放了物品的鞋盒，或者在刚才的盒子里放进不同的物品，重复这个活动。把推荐图书读给婴儿听，教他们新词，和他们一起唱歌，或者一起念儿歌。

调整适用于两三岁儿童

把小物品或玩具放在大号叠加杯下面，问幼儿叠加杯下面有什么东西。然后让幼儿拿起叠加杯，看一下下面的物品是什么。用其他杯子重复这个活动。鼓励幼儿把东西放在杯子里，你来猜。

扩展活动

收集更多的能放进鞋盒的物品，让幼儿把这些物品放进鞋盒，盖上盖子，再打开，把东西拿出来，同时数一数物品的数目，引入数字概念和数字意识。

语言学习

词汇

- 什么
- 里面
- 藏
- 看
- 发现
- 东西
- 外面
- 打开
- 合上
- 鞋盒
- 盒子
- 盒盖
- 盖上

活动用语

"盒子里面有些东西。是什么呢？我们打开盖子看一看。美迪，你试试把盖子打开吧。你看见了什么？哦！是一个杯子。把杯子从盒子里拿出来。现在，把杯子放进盒子，再把盒盖盖上吧。"

歌曲、儿歌和手指游戏

歌曲：《摇，摇，摇盒子》

作词：琼·芭芭拉

曲调：《划、划、划小船》

摇，摇，摇盒子，　　　　　　　　打开盖子看一看，
　向上又向下。　　　　　　　　　看能发现啥。

歌曲：《哦，有些东西在盒子里》

作词：琼·芭芭拉

曲调：《幸福拍手歌》

哦，有些东西在盒子里，在盒子里，　　　我们会看见一个大惊喜。
哦，有些东西在盒子里，在盒子里。　　　哦，有些东西在盒子里，在盒子里。
　　我们睁开眼看看，

哪儿去了？

游戏材料

- ✂ 小毛毯或毛巾
- ✂ 色彩鲜艳的玩具，或幼儿喜欢的玩具

推荐书目

- ✎ 《宝宝藏猫猫》（*Peek-a-Baby*），作者：Karen Katz
- ✎ 《藏猫猫》（*Peek-a-Boo!*），作者：Roberta Grobel Intrater
- ✎ 《宝宝藏猫猫》（*Peekaboo Baby*），作者：Sebastien Braun
- ✎ 《我们来玩藏猫猫》（*Playtime Peekaboo!*），作者：DK Publishing
- ✎ 《艾莉在哪里？》（*Where's Ellie*），作者：Salina Yoon

学习成果

社会性 - 情绪发展
○ 与成年人的关系

生理发展
★ 感知能力

认知发展
★ 空间意识
○ 因果关系
○ 记忆
○ 经验关联
○ 模仿他人

语言发展
○ 接受性语言
○ 把文字和真实世界的知识相关联
○ 概念词汇
○ 在游戏中使用语言

游戏方法

　　大多数低龄婴儿还不知道物体具有永久性，他们不知道虽然看不见，物体依然存在。唤起婴儿的注意以后，把玩具藏在毯子下面。掀起毯子，露出玩具，表现出惊讶的神色。只要婴儿感兴趣，就重复做这个游戏。让婴儿坐在你的大腿上，给他读寻宝书，让他把书中隐藏起来的东西找出来。大月龄婴儿可以掀开书本上的活动页，发现藏在后面的物体。把推荐图书读给婴儿听，教他们新词，和他们一起唱歌，或者一起

念儿歌。

调整适用于两三岁儿童

和两三岁幼儿做同样的活动，不过把玩具藏起来以后，请幼儿把玩具找出来。

扩展活动

让幼儿把玩具藏起来，你来找，不管是找到玩具的时候，还是发现玩具"消失"的时候，都要表现出非常惊讶的样子。

语言学习

词汇

- ▶ 哪里
- ▶ 藏
- ▶ 这里
- ▶ 毯子
- ▶ 下面
- ▶ 发现
- ▶ 看

活动用语

"你的小熊在哪里？要我看看毯子下面吗？哦！在这里呢！这只傻小熊藏在你的毯子下面呢。这是你的小熊。给它一个大大的拥抱吧。"

歌曲、儿歌和手指游戏

歌曲：《有个东西藏了起来》

作词：金伯利·博安农

曲调：《雅克兄弟》

有个东西藏了起来。　　　　　　　　在哪里？

有个东西藏了起来。　　　　　　　　原来它在毯子下面。

　　在哪里？　　　　　　　　　　　原来它在毯子下面。

啥东西？   啥东西？

儿歌：《我看见了一些东西》
作词：金伯利·博安农

我看见一些东西。   我看见一些东西。
会是什么东西？

是谁呀？

游戏材料

✄ 幼儿的照片数张

✄ 胶带（如果需要）

推荐书目

✎ 《宝宝的脸：镜子》（*Baby Face: A Mirror*），作者：Gwynne L. Isaacs，Evelyn Clarke Mott

✎ 《宝宝你好：黑白镜子书》（*Hello Baby: A Black and White Mirror Book*），作者：Roger Priddy

✎ 《我看见了自己！》（*I See Me!*），作者：Julie Aigner-Clark

✎ 《我看见了自己！》（*I See Me!*），作者：Pegi Deitz Shea

✎ 《那个宝宝是谁？》（*Who's That Baby?*），作者：Susan Amerikaner

学习成果

社会性－情绪发展

★ 自我同一性

○ 自我意识

生理发展

○ 感知能力

认知发展

★ 游戏进程

○ 记忆

○ 经验关联

○ 空间意识

○ 遵循简单指令

语言发展

○ 接受性语言

○ 把文字和真实世界的知识相关联

○ 概念词汇

○ 在游戏中使用语言

游戏方法

　　婴儿在 6 个月左右开始萌发自我意识，发现自己与别人或其他物体有所不同。用胶带把照片张贴在与婴儿视线高度持平的墙上、柜子上、书架上，或者小床旁边的镜子上。如果婴儿的头已经能够抬起，在与他趴在地上视线持平的位置摆放一些照片，方便他抬头看见。抱着婴儿在屋子里走几圈，和他一起寻找他的照片，找到的时候，一定要表现出兴奋快乐的样子。把推荐图书读给婴儿听，教他们新词，和他们一起唱歌，或者一起念儿歌。

调整适用于两三岁儿童

在房间的墙上，与幼儿视线持平的高度，张贴上每个幼儿的照片。在房间里走动，观看墙上张贴的照片，辨认照片中的人物。所有照片都辨认完以后，把照片收起来，把幼儿集中到一起，问他们有关照片的问题，"照片上是谁啊？是的，是伊萨。伊萨穿着他最喜欢的红毛衣。"把推荐图书读给幼儿听，教他们新词，和他们一起唱歌，或者一起念儿歌。

扩展活动

用幼儿及其家人的照片做一个图片书。和幼儿一起读这本书，并针对书中的图片和他进行讨论。为每一个幼儿都制作这样一本图片书。给每个幼儿读他们自己的书，识别其中的图片，边读边说："我知道他是谁。他是吉利。这个是谁？他是吉利的爸爸。"

语言学习

词汇

▸ 谁
▸ 你
▸ 她

▸ 宝宝
▸ 他的
▸ 哪里

▸ 小组里不同幼儿的名字
▸ 她的

▸ 找到
▸ 他
▸ 照片

活动用语

"我在找名字叫玛丽的宝宝。玛丽在哪里？"找到玛丽的照片的时候，说："这个宝宝是谁？是玛丽吗？是的，这是玛丽。这个宝宝就是你。"

歌曲、儿歌和手指游戏

歌曲:《这个宝宝是谁?》

作词:金伯利·博安农

曲调:《雅克兄弟》

这个宝宝是谁?　　　　　　　　　　　　这是玛丽。

这个宝宝是谁?　　　　　　　　　　　　这是玛丽。

就是你。　　　　　　　　　　　　　　　就是你。

就是你。　　　　　　　　　　　　　　　就是你。

附加歌词:

用其他幼儿的名字替换"玛丽"。

23

你也能做到

游戏材料

推荐书目

- 《大鸟学舌日》（*Big Bird's Copycat Day*），作者：Sharon Lerner
- 《你可以吗？像企鹅那样摇摆》（*Can You? Waddle Like a Penguin*），作者：Price Stern Sloan
- 《库克看！库克做！》（*Cookie See! Cookie Do!*），作者：Anna Jane Hays
- 《从头到脚》（*From Head to Toe*），作者：Eric Carle
- 《猴子看！猴子做！》（*Monkey See, Monkey Do*），作者：Helen Oxenbury

游戏方法

　　让婴儿坐在你的腿上，如果婴儿已经可以自行坐立，你就坐在他的对面。用手做不同的动作，比如招手，或者扭动手指，同时用语言对婴儿描述你正在做的动作。每做一个动作，都邀请婴儿也做一遍。如果他还做不到，拿起他的手，温柔地帮助他做相应的动作。把推荐图书读给婴儿听，教给他们新词，和他们一起唱歌，或者一起

学习成果

社会性－情绪发展
- ○ 自我意识
- ○ 自我同一性
- ○ 与成年人的关系
- ○ 自我调节

生理发展
- ○ 大动作技能
- ○ 精细动作技能
- ○ 感知能力

认知发展
- ★ 模仿他人
- ★ 遵循简单指令
- ○ 因果关系
- ○ 记忆
- ○ 空间意识
- ○ 经验关联

语言发展
- ○ 接受性语言
- ○ 表达性语言
- ○ 把文字和真实世界的知识相关联
- ○ 概念词汇
- ○ 在游戏中使用语言

念儿歌。

调整适用于两三岁儿童

鼓励幼儿做动作，你模仿他。或者播放音乐，让他们随着音乐拍手或者上下跳动，然后，你模仿他们做同样的动作。

扩展活动

用嘴巴做简单的动作，比如把嘴巴张开再闭上，同时发出滑稽的声音，让幼儿模仿你。

语言学习

词汇

- ▶ 运动
- ▶ 扭动
- ▶ 触摸
- ▶ 瘙痒
- ▶ 轻拍
- ▶ 挥手再见
- ▶ 拍手
- ▶ 挥手问好

活动用语

"看我怎么扭动我的手指。现在，你也动动手指吧。扭动，扭动，扭动！现在我拍拍我的肚子。你可以拍拍你的肚子吗？"

歌曲、儿歌和手指游戏

歌曲：《我们走》
作词：琼·芭芭拉
曲调：《雅克兄弟》

看我，看我。　　　　　　　　　　　我走了。
看我，看我。　　　　　　　　　　　我走了。

你也可以如此做。　　　　　　　　　　　我们走。

你也可以如此做。　　　　　　　　　　　我们走。

手指游戏:《拍蛋糕》(传统儿歌)

手指游戏:《滴答滴答钟声响》(传统儿歌)

24

拼图、分类

游戏材料

- ✂ 大号堆叠环
- ✂ 拼板玩具
- ✂ 分类盒或小桶

推荐书目

- ✎ 《颜色、字母、数字》（*Color, ABC, Numbers*），作者：Roger Priddy
- ✎ 《吼叫！吵吵闹闹的数数书》（*Roar! A Noisy Counting Book*），作者：Pamela Duncan Edwards
- ✎ 《小白兔的颜色书》（*White Rabbit's Color Book*），作者：Alan Baker

游戏方法

　　把堆叠环或者拼板放在幼儿面前。给幼儿演示如何把堆叠环套在木杆上，以及如何把拼块放在拼板合适的位置上，如何把各种图形放进对应的分类盒或者小桶里。告诉幼儿玩具应该放在哪里。这个年龄段的幼儿只要能把堆叠环套在木杆上、把拼块放在拼板上、把用来分类的图形放进分类盒就可以了。虽然这里提到了颜色和图形分辨，不过，不要奢望这个年龄的幼儿能将颜色和形状正确地区分出来。把推荐图书读给幼儿听，教他们新词，和他们一起唱歌，或者一起念儿歌。

学习成果

社会性 - 情绪发展
- ○ 与成年人的关系
- ○ 自我调节
- ○ 分享

生理发展
- ★ 精细动作技能

认知发展
- ★ 记忆
- ○ 空间意识
- ○ 数字意识
- ○ 模仿他人

语言发展
- ○ 接受性语言
- ○ 表达性语言
- ○ 把文字和真实世界的知识相关联
- ○ 概念词汇
- ○ 在游戏中使用语言

调整适用于两三岁儿童

把物品按照颜色或者形状分好类。一次练习一种颜色，让幼儿把颜色相同的物品指出来。在这个活动中，只要把不同的颜色介绍给他们就够了。不要奢望幼儿能理解颜色的不同点。

扩展活动

帮助幼儿按照颜色和形状给物品分类。一边分类，一边数拼块或者图形的数目。

语言学习

词汇

- 拼块
- 孔
- 里面
- 翻转
- 套环
- 位置
- 外面
- 扭转
- 拼板
- 垒
- 圆的
- 颜色的名字

活动用语

"这是一块拼板。拼板上有一些孔，每一个拼块都有一个孔。看见孔了吧？摸一下拼块，把手指探进孔里感受一下。看呀，我把拼块放进孔里。你试着和我一起做吧？看我们怎么把拼块一个一个垒起来。"

25

苹果，苹果

游戏材料

- ✂ 三四个红苹果
- ✂ 切菜板
- ✂ 削皮器
- ✂ 水果刀
- ✂ 盘子，杯子，小碗

推荐书目

- ✎ 《苹果派树》（*The Apple Pie Tree*），作者：Zoe Hall
- ✎ 《苹果和南瓜》（*Apples and Pumpkins*），作者：Anne Rockwell
- ✎ 《宝宝的食物》（*Baby Food*），作者：Margaret Miller
- ✎ 《最早学到的 100 个词》（*First 100 Words*），作者：Roger Priddy

游戏方法

把苹果擦洗干净，让幼儿互相传递，让他们仔细观看并感受苹果。把苹果横切开，让幼儿看苹果的内部。和幼儿谈一谈苹果内部的果核以及看起来像星星一样的横截面。挖出一些苹果籽，放在盘子里。让幼儿仔细观察苹果和苹果籽。

学习成果

社会性－情绪发展
- ★ 同伴关系
- ○ 自我同一性
- ○ 与成年人的关系
- ○ 分享

生理发展
- ○ 感知能力
- ○ 精细动作技能

认知发展
- ○ 因果关系
- ○ 记忆
- ○ 空间意识
- ○ 经验关联
- ○ 数字意识
- ○ 模仿他人

语言发展
- ★ 在游戏中使用语言
- ○ 接受性语言
- ○ 表达性语言
- ○ 沟通需要
- ○ 把文字和真实世界的知识相关联
- ○ 概念词汇

加餐的时候，把没加糖的苹果汁给幼儿喝。把推荐图书读给幼儿听，教他们新词，和他们一起唱歌，或者一起念儿歌。

调整适用于两三岁儿童

幼儿对苹果进行仔细观察之后，把苹果切成两半，让幼儿用放大镜进一步仔细观察切开的苹果，更细致地观察苹果籽。把幼儿分成小组，让他们在小组中分享自己看、摸、闻苹果的观察所得。让他们把观察到的苹果画下来，把他们分享的内容写在画作的后面。加餐的时候，把清洗过的干净苹果切成小块给幼儿。

扩展活动

重复进行这个活动。然后把苹果削皮，切成小块。把切碎的苹果放进锅里，加一大勺水，中火煮，直到苹果变软。用食品料理机将煮过的苹果打成泥，可以加一些肉桂粉调味，做成自制苹果酱。

语言学习

词汇

▸ 水果	▸ 苹果	▸ 削皮	▸ 果核
▸ 种子	▸ 梗	▸ 星星	▸ 红色
▸ 蜡的	▸ 里面	▸ 吃	▸ 酥脆
▸ 多汁	▸ 烹制	▸ 苹果酱	

活动用语

"苹果是一种水果，香甜多汁。谁吃过苹果或者苹果酱？我有一个苹果，你们互相传递一下，好好观察。这个苹果是什么颜色的？对了！是红色。摸起来感觉怎么样？我把它切开，你会看见苹果汁流出来，也会看见苹果籽，还有像星星一样的苹果核。你们互相传递仔细观察一下吧。"

歌曲、儿歌和手指游戏

歌曲：《苹果》

作词：金伯利·博安农

曲调：《雅克兄弟》

苹果在哪里？　　　　　　　我们一起闻一闻。
苹果在哪里？　　　　　　　我们一起闻一闻。
　　在这里。　　　　　　　　　在这里。
　　在这里。　　　　　　　　　在这里。

附加歌词：

苹果尝起来什么味？　　　　它是什么样子的？
苹果尝起来什么味？　　　　它是什么样子的？
　　甜甜的。　　　　　　　　　是红色的。
　　甜甜的。　　　　　　　　　是红色的。
我们都喜欢苹果。　　　　　我们把它切开来，
我们都喜欢苹果。　　　　　我们把它切开来，
　　甜苹果。　　　　　　　　　看见一颗星。
　　甜苹果。　　　　　　　　　看见一颗星。

26

铃铛和哨子

游戏材料

不同种类的铃铛和哨子：

✂ 圣诞铃铛

✂ 上课铃

✂ 牛铃

✂ 手铃

✂ 运动哨

✂ 火车汽笛

推荐书目

✎《ABC 开动！》(*ABCDrive!*)，作者：Naomi Howland

✎《我是你的公共汽车》(*I'm Your Bus*)，作者：Marilyn Singer

✎《为维利吹响哨子》(*Whistle for Willie*)，作者：Ezra Jack Keats

游戏方法

把各种铃铛展示给幼儿，让他们互相传递，感受铃铛的手感。摇动每一个铃铛，吹响每一个哨子，让幼儿一一倾听。和他们谈谈听到的声音有什么不同。告诉幼儿铃舌撞击铃边就会发出声音，先

学习成果

社会性－情绪发展

○ 自我意识

○ 与成年人的关系

○ 同伴关系

○ 自我调节

○ 分享

生理发展

○ 感知能力

○ 精细动作技能

认知发展

★ 经验关联

○ 因果关系

○ 记忆

○ 空间意识

○ 数字意识

○ 模仿他人

○ 遵循简单指令

语言发展

★ 音乐、节奏和韵律

○ 接受性语言

○ 表达性语言

○ 把文字和真实世界的知识相关联

○ 概念词汇

○ 在游戏中使用语言

轻轻地摇动，再用力地摇动，让幼儿听声音有什么不同。给幼儿解释为什么哨子会发出声音，为什么哨子的声音和铃铛的声音不一样。把推荐图书读给幼儿听，教他们新词，和他们一起唱歌，或者一起念儿歌。

调整适用于两三岁儿童

在小组活动或者围坐时间，轻轻敲动一个风铃，让幼儿倾听风铃发出的声音。告诉幼儿，风铃的声音是风铃的铃舌撞击风铃吊管产生的。把风铃放在室外，和幼儿聊一下他们听见和看见的现象。

扩展活动

用塑料盘子自制一个手铃，在盘子的边缘打四个等距的孔，用同样长度的短绳把四个圣诞铃铛系在孔上，手铃就做好了。让幼儿摇动自制手铃，尽情玩耍吧。

语言学习

词汇

- ▸ 铃铛
- ▸ 柔和
- ▸ 噪音
- ▸ 风

- ▸ 铃舌
- ▸ 风铃
- ▸ 声音
- ▸ 大声

- ▸ 悬挂
- ▸ 摇铃
- ▸ 哨子

活动用语

"这里有很多铃铛。摇动它们的时候，会发出不同的声音。听听这个铃铛的声音。圣诞铃铛发出的声音和手铃的声音一样吗？我们同时摇动两个铃铛会发生什么？你要不要摇一下？"

歌曲、儿歌和手指游戏

歌曲：《摇铃铛》

作词：金伯利·博安农

曲调：《划、划、划小船》

摇，摇，摇铃铛。　　　　　　　　铃声大，铃声小，
我轻轻地、重重地摇。　　　　　　让我们仔细听。

歌曲：《铃儿响叮当》（Jingle Bells）（传统歌曲）

美丽的蝴蝶

游戏材料

✂ 关于蝴蝶的图片或图书

推荐书目

✎ 《你是只蝴蝶吗？》（*Are You a Butterfly?*），作者：Judy Allen，Tudor Humphries

✎ 《雄伟的君主》（*Magnificent Monarchs*），作者：Linda Glaser

✎ 《饥饿的毛毛虫》（*The Very Hungry Caterpillar*），作者：Eric Carle

✎ 《蝴蝶什么时候有了名字？》（*When Did the Butterfly Get Its Name?*），作者：Melvin Berger，Gida Berger

游戏方法

把蝴蝶的图片展示给幼儿。和他们说说蝴蝶翅膀的图案和形状。和他们谈谈毛毛虫的长相，蝴蝶怎么从毛毛虫发育而来，破茧飞走。把推荐图书读给幼儿听，教他们新词，和他们一起唱歌，或者一起念儿歌。

调整适用于两三岁儿童

和幼儿更详细地谈一谈蝴蝶的生命周期，包括毛毛虫怎么吃树叶，虫茧和蝴蝶的翅膀是怎么形成的，等等。在室外寻找蝴蝶。

学习成果

社会性－情绪发展
★ 关心他人
○ 与成年人的关系

生理发展
○ 感知能力
○ 精细动作技能

认知发展
○ 空间意识
○ 经验关联
○ 数字意识

语言发展
★ 把文字和真实世界的知识相关联
○ 接受性语言
○ 表达性语言
○ 概念词汇
○ 阅读
○ 在游戏中使用语言

扩展活动

在附近创建一个寻找蝴蝶的园子。在园子里种一些蝴蝶喜欢栖息繁殖的植物。蝴蝶园可大可小，从一个鞋盒到院子的一隅皆可。这是让幼儿和大自然保持亲密接触的绝佳方式之一。

语言学习

词汇

- 蝴蝶
- 翅膀
- 飞走

- 昆虫
- 虫卵

- 颜色
- 毛毛虫

- 树叶
- 形状

活动用语

"蝴蝶是一种漂亮的昆虫。它们在花丛中飞来飞去。蝴蝶有很多种，它们的颜色和大小也不一样。看看这只蝴蝶，你看见了什么？"

歌曲、儿歌和手指游戏

歌曲：《蝴蝶蝴蝶在飞翔》
作词：金伯利·博安农
曲调：《伦敦大桥垮下来》

蝴蝶蝴蝶在飞翔，　　　　　　　　蝴蝶蝴蝶在飞翔。
在飞翔，在飞翔。　　　　　　　　在天上飞翔。

儿歌：《蝴蝶飞》
作词：金伯利·博安农

把你的胳膊伸展开，

（把胳膊伸展开。）

把你的胳膊收回来。

（把胳膊收回来，抱住身体。）

蝴蝶蝴蝶飞起来。

（伸开胳膊，一边吟唱下面的儿歌，一边在房间跑来跑去，做飞翔状。）

蝴蝶蝴蝶飞起来，
飞到高空
再飞下来，
轻轻地，轻轻地，落下来。

（回到原先站立的位置，把胳膊收回到身边。）

28

大球，小球

游戏材料

✂ 大小不同的软球，或者橡皮球：

- 大球：给年龄小的幼儿使用（以防被幼儿吞下）
- 小球：给年龄稍大的幼儿，以便锻炼他们的运动技能和灵活性

推荐书目

- ✎《我的手在这里》（*Here Are My Hands*），作者：Bill Martin Jr.，John Archambault
- ✎《我的手》（*My Hands*），作者：Aliki
- ✎《母鸡萝丝去散步》（*Rosie's Walk*），作者：Pat Hutchins
- ✎《宝宝的沙滩球在哪里？》（*Where Is Baby's Beach Ball?*），作者：Karen Katz

游戏方法

和幼儿一起坐在地板上，面对面，脚对脚。把球滚到幼儿身边。用话语告诉幼儿你正在做的事情。让幼儿模仿你的样子，把球滚给你。换不同的球，重复这个游戏。把推荐图书读给幼儿听，教给他们新词，和他们一起唱歌，或者一起念儿歌。

学习成果

社会性－情绪发展

- ○ 自我意识
- ○ 自我同一性
- ○ 与成年人的关系
- ○ 同伴关系
- ○ 自我调节
- ○ 分享

生理发展

- ○ 感知能力
- ○ 大动作技能
- ○ 精细动作技能

认知发展

- ★ 因果关系
- ○ 空间意识
- ○ 经验关联
- ○ 数字意识
- ○ 模仿他人
- ○ 游戏进程
- ○ 遵循简单指令

语言发展

- ★ 概念词汇
- ○ 接受性语言
- ○ 表达性语言
- ○ 把文字和真实世界的知识相关联
- ○ 在游戏中使用语言

调整适用于两三岁儿童

邀请两三个幼儿一起玩这个游戏。让他们围坐在一起，脚朝向中间。请他们把球滚向对面的幼儿。他们能够熟练做这个游戏的时候，给他们一个小一些的球，继续游戏。

扩展活动

也可以用其他物体（小汽车、小卡车或者小方块）玩同样的游戏。

语言学习

词汇

▸ 球	▸ 快速	▸ 绕着	▸ 分享
▸ 凸起	▸ 前后	▸ 脚	▸ 滚动
▸ 传递	▸ 触碰	▸ 尺寸	▸ 旋涡
▸ 轮流	▸ 小的	▸ 转动	▸ 旁边
▸ 大的	▸ 慢的	▸ 中间	

活动用语

"把球在我们中间滚来滚去。你能把球滚到我这边来吗？球滚动和旋转的时候仔细观察。球在我们中间滚来滚去，我们在分享这个球。"

歌曲、儿歌和手指游戏

歌曲：《有个球在地上》
作词：琼·芭芭拉
曲调：《幸福拍手歌》

那里有个球，在地上，在地上。
那里有个球，在地上，在地上。
我们看它滚过来，
旋啊转啊滚过来，
那里有个球，在地上，在地上。

那里有个球，在地上，在地上。
那里有个球，在地上，在地上。
我们把球传来又传去，
我们一起做游戏。
那里有个球，在地上，在地上。

颜色游戏

游戏材料

推荐书目

- 《棕熊，棕熊，你看见了啥？》(*Brown Bear, Brown Bear, What Do You See?*)，作者：Bill Martin Jr.
- 《颜色，字母，数字》(*Colors, ABC, Numbers*)，作者：Roger Priddy
- 《我是你的公共汽车》(*I'm Your Bus*)，作者：Marilyn Singer
- 《小白兔子的颜色书》(*White Rabbit's Color Book*)，作者：Alan Baker

游戏方法

　　帮助幼儿学习物体的名称和颜色。做这个活动的时候，把幼儿抱在怀里，或者牵着学步儿的手。把物体的名称说出来（比如，橡皮鸭子），对他说："这个橡皮鸭子是黄色的。"把物体指给幼儿看，让幼儿用手摸一下，感觉一下物体的质地。当你把物体一个一个地指给他看的时候，可以唱歌曲《我们发现一种颜色》。重复这首歌，识别不同的颜色和物体。把推荐图书读给幼儿听，教给他们新词，和他们一起唱歌，或者一起念儿歌。

学习成果

社会性－情绪发展
○ 与成年人的关系

生理发展
○ 精细动作技能

认知发展
○ 记忆
○ 空间意识
○ 经验关联
○ 游戏进程

语言发展
★ 接受性语言
★ 表达性语言
○ 沟通需要
○ 把文字和真实世界的知识相关联
○ 概念词汇
○ 音乐、节奏和韵律
○ 在游戏中使用语言

调整适用于两三岁儿童

让幼儿把颜色相同的物体找出来，放在一起。在游戏过程中，幼儿可以请求帮助。

扩展活动

继续帮助幼儿识别物体，根据不同的分类方法进行分类，比如，大的、中等的、小的，或者根据不同的质地分类，光滑的、粗糙的、滑溜的等。

语言学习

词汇

▶ 各种颜色　　　▶ 物品的名称

活动用语

"哪里有黄色的东西？我看见一本黄色的书，一条黄色的围巾。我想我看见了一只绿色的玩具青蛙。就是它。看这只青蛙的大眼睛，背上还有棕色的点。"

歌曲、儿歌和手指游戏

歌曲：《我们发现一种颜色》
作词：琼·芭芭拉
曲调：《山谷里的农夫》

　　我们发现一只小黄鸭。
　　　发现一只小黄鸭。
　　　嗨 – 嗬！得哩呀！
　　　发现一只小黄鸭。

附加歌词：

一个红色球

一个蓝色桶

一只绿色蛙

一个橘色大南瓜

一只棕色熊

30

你需要拥抱吗？

游戏材料

推荐书目

- 《恐龙怎么说我爱你？》（*How Do Dinosaurs Say I love You?*），作者：Jane Yolen，Mark Teague
- 《我对你的爱有多深？》（*How Do I Love You?*），作者：Marion Dane Bauer
- 《拥抱》（*Hug*），作者：Jez Alborough
- 《妈妈的拥抱》（*Mommy Hugs*），作者：Karen Katz

游戏方法

拥抱是人们表达关心、安慰他人的一种绝佳方式。教幼儿学习拥抱的最好方法就是给他一个大大的拥抱。让他们用胳膊环抱住自己，给自己一个大大的拥抱。告诉他们拥抱的时候可以互相挤压，但是不要太用力。告诉他们我们难过的时候，或者伤害了朋友的时候，拥抱可以使我们感觉好一些。告诉他们拥抱是爱的表现。多拥抱和亲吻婴儿和学步儿，让他们知道你多么关心他们。把推荐图书读给幼儿听，教给他们新词，和他们一起唱歌，或者一起念儿歌。

学习成果

社会性－情绪发展
- ★ 自我调节
- ○ 自我意识
- ○ 自我同一性
- ○ 与成年人的关系
- ○ 同伴关系
- ○ 同理心
- ○ 关心他人

生理发展
- ○ 感知能力
- ○ 大动作技能

认知发展
- ○ 空间意识
- ○ 经验关联
- ○ 模仿他人

语言发展
- ★ 沟通需要
- ○ 把文字和真实世界的知识相关联
- ○ 概念词汇
- ○ 阅读

调整适用于两三岁儿童

邀请幼儿拥抱朋友，表达他们对朋友的爱和情感。告诉两三岁儿童他们随时都可以拥抱他人，不过，为了表示礼貌，拥抱之前要得到对方的许可，问一下："你需要拥抱吗？"

扩展活动

向幼儿解释，除了拥抱，表达对他人关心的方式还有很多。教两三岁儿童如何"击掌""竖大拇指"和飞吻。给幼儿读上面推荐的相关图书。

语言学习

词汇

▶ 拥抱　　　　▶ 幸福　　　　▶ 抱歉　　　　▶ 关心

▶ 朋友　　　　▶ 胳膊　　　　▶ 爱　　　　　▶ 礼貌

▶ 原谅　　　　▶ 安慰　　　　▶ 旋转

活动用语

"难过的时候，拥抱可以让我们得到安慰。我可以拥抱你吗？如果我们的朋友心情不好，我们可以问他们是否需要拥抱。为了表示礼貌，要先征求对方的同意。"

歌曲、儿歌和手指游戏

歌曲：《给一个拥抱》

作词：金伯利·博安农

曲调：《雅克兄弟》

给一个拥抱，　　　　　　　　　　表达爱。

给一个拥抱，　　　　　　　　　　你呀非常独特，

你呀非常独特，
　拥抱你。
　拥抱你。
让我们击掌。
让我们击掌。
　表达爱，
　表达爱。
你呀非常独特，
你呀非常独特，
　来击掌，

　来击掌。
给你一个飞吻，
给你一个飞吻。
　表达爱，
　表达爱。
你呀非常独特，
你呀非常独特，
　来飞吻。
　来飞吻。

看一看，找一找

游戏材料

- ✂ 带盖的透明塑料容器
- ✂ 托盘
- ✂ 标签
- ✂ 放大镜
- ✂ 一些供探索的物品（比如，小石头、贝壳、豆子、扣子、羽毛、软木塞等）

推荐书目

- ✐ 《黑白兔子的 ABC》（ *Black and White Rabbit's ABC* ），作者：Alan Baker
- ✐ 《最早学到的 100 词》（ *First 100 Words* ），作者：Roger Priddy
- ✐ 《理查德·斯卡利：最棒的第一本书！》（ *Richard Scarry's Best First Book Ever!* ），作者：Richard Scarry

游戏方法

把物品拿给幼儿看，一次给他们看一个。把物品一一放进托盘中，物品所处的背景相对简单，以便幼儿将注意力集中在观察目标上。把他们看到、感受到的用语言描述给他们听。为物品分类，并把它们放进透明塑料容器中，盖紧盖子。给塑料容器贴上标签，注明其

学习成果

社会性 - 情绪发展
- ○ 自我意识
- ○ 自我同一性
- ○ 与成年人的关系
- ○ 同伴关系
- ○ 分享

生理发展
- ○ 感知能力
- ○ 精细动作技能

认知发展
- ★ 游戏进程
- ○ 因果关系
- ○ 记忆
- ○ 空间意识
- ○ 数字意识

语言发展
- ★ 表达性语言
- ○ 接受性语言
- ○ 把文字和真实世界的知识相关联
- ○ 概念词汇
- ○ 阅读

中的物品。让幼儿拿起容器，摇晃一下，容器正面朝下放下，再让幼儿观察其中的物品。把幼儿看到、听到的，描述给他们听。把推荐图书读给幼儿听，教给他们新词，和他们一起唱歌，或者一起念儿歌。

调整适用于两三岁儿童

让幼儿拿另外一些物品放进新的容器中。在外出散步的路上，可以收集一些物品，比如无毒的树叶。让幼儿用放大镜观察这些物品，和他们聊一下他们看到的、感受到的。

扩展活动

把两三个物品一起放在托盘中，让幼儿给它们排序、分类和命名，然后把这些物品放进塑料容器中。摇动容器，让幼儿听不同物体发出的不同声音。回到室内，让幼儿比较它们的不同。

语言学习

词汇

- ▶ 透明容器
- ▶ 石头
- ▶ 尺寸
- ▶ 柔软
- ▶ 看
- ▶ 贝壳

- ▶ 大的
- ▶ 顶部
- ▶ 仔细看
- ▶ 豆子
- ▶ 小的

- ▶ 底部
- ▶ 盖子
- ▶ 扣子
- ▶ 圆的
- ▶ 标签

- ▶ 羽毛
- ▶ 平滑
- ▶ 托盘
- ▶ 软木塞
- ▶ 粗糙

活动用语

"今天我们要观察一些不同的物品。我把这些五颜六色的羽毛放在托盘上，你们可以好好地观察一下。摸一摸，看看它们是什么感觉。你感到它是柔软的吗？我把它贴近你的脸，感到痒痒的吗？羽毛的颜色是不一样的。这个是红色的，这个是绿色的。我们把它们放进容器，再看。把容器摇啊摇，你听到了什么？"

32

自由感受

游戏材料

- ✄ 小镜子
- ✄ 有关情绪表达的书

推荐书目

- ✎ 《亲吻的手》（*The Kissing Hand*），作者：Audrey Penn
- ✎ 《很多很多情感》（*Lots of Feelings*），作者：Shelley Rotner
- ✎ 《周一，下雨了》（*On Monday When It Rained*），作者：Cherryl Kachenmeister

游戏方法

　　幼儿一直在学习认识和辨别自己的情绪和情感。对别人进行观察是他们了解情绪和情感的主要途径。在小组活动时间或者和某个幼儿单独相处的时候，可以给他们读关于情感的书，比如《很多很多情感》。把表达情感的词指给他们看，并把相应的情感表演给他们看。让幼儿模仿你的样子，把相关情感表达出来。借助小镜子，让幼儿看见他们脸上的表情。把推荐图书读给幼儿听，教给他们新词，和他们一起唱歌，或者一起念儿歌。

学习成果

社会性 – 情绪发展
- ★ 同理心
- ★ 关心他人
- ○ 自我意识
- ○ 自我同一性
- ○ 与成年人的关系
- ○ 同伴关系
- ○ 自我调节

生理发展
- ○ 感知能力

认知发展
- ○ 经验关联
- ○ 模仿他人

语言发展
- ○ 接受性语言
- ○ 表达性语言
- ○ 沟通需要
- ○ 把文字和真实世界的知识相关联
- ○ 概念词汇
- ○ 阅读

调整适用于两三岁儿童

扩展幼儿的情感表达词汇量，给他们读类似《周一，下雨了》一类的图书，帮助他们理解各种情感。

扩展活动

和幼儿一起讨论关于情感的故事，让他们把各种情感的面部表情画下来。培养幼儿的同理心，以及对他人的关爱，询问他们如何帮助心情难过或者心怀恐惧的幼儿。

语言学习

词汇

▶ 开心　　　▶ 激动　　　▶ 难过　　　▶ 恐惧

▶ 害怕　　　▶ 惊讶　　　▶ 愤怒

活动用语

"人的情感有很多种。就像我们在书中看到的面孔所示，瞧，那些小朋友的脸。看得出，这个小朋友很开心。我们一起做一个开心的表情。我看见你笑了。看看镜子中的自己。如果我们很伤心，看起来会怎么样呢？"

歌曲、儿歌和手指游戏

歌曲：《幸福拍手歌》（传统歌曲）

附加歌词作词：琼·芭芭拉

如果你知道你难过，就说："嘘！"　　　　　如果你知道你生气，皱眉头，

如果你知道你难过，就说："嘘！"　　　　　如果你知道你生气，皱眉头。

如果你知道你难过，你脸上就会有展现。　　　如果你知道你生气，你脸上就会有展现，

如果你知道你难过，就说"嘘！"　　　　　如果你知道你生气，皱眉头。

如果你知道你累了，揉揉眼，　　　　　如果你知道你累了，你脸上就会有展现，

如果你知道你累了，揉揉眼，　　　　　　　如果你知道你累了，揉揉眼。

33

花儿的力量

游戏材料

- ✂ 胶带
- ✂ 在室外散步时收集的物品

推荐书目

- ✐《虫子！虫子！虫子！》（*Bugs! Bugs! Bugs!*），作者：Bob Barner
- ✐《在花园里数数》（*Counting in the Garden*），作者：Kim Parker
- ✐《令人惊奇的花园》（*The Surprise Garden*），作者：Kim Parker

游戏方法

剪下一段胶带，黏的一面朝外，绕成圈套在幼儿的手腕上。如果你照料的是婴儿，就把胶带套在自己的手腕上。到室外去散步，寻找花园或者步行道两边的花朵。允许幼儿把落在地上的树叶或者花瓣捡起来，粘在手腕的胶带上。问问他们，在室外散步时他们喜欢干什么。一定要留意，在散步的过程中，不要让幼儿把任何东西放进嘴里。把推荐图书读给幼儿听，教给他们新词，和他们一起唱歌，或者一起念儿歌。

学习成果

社会性－情绪发展
- ○ 自我意识
- ○ 与成年人的关系
- ○ 同伴关系
- ○ 自我调节
- ○ 同理心
- ○ 关心他人
- ○ 分享

生理发展
- ○ 感知能力
- ○ 精细动作技能

认知发展
- ★ 经验关联
- ★ 遵循简单指令
- ○ 因果关系
- ○ 记忆
- ○ 空间意识
- ○ 模仿他人

语言发展
- ○ 接受性语言
- ○ 表达性语言
- ○ 把文字和真实世界的知识相关联
- ○ 概念词汇
- ○ 在游戏中使用语言

调整适用于两三岁儿童

把三四朵不同的花带回教室，让幼儿仔细观察。让他们把其中一朵花传递给下一个人，闻花的气味。鼓励他们问对方："你要闻一下花的气味吗？"把散步捡回来的花插进花瓶，摆在餐桌上，点缀餐桌。

扩展活动

散步的时候，带上一个放大镜，让幼儿借助放大镜仔细观察捡到的树叶或者花瓣，并讨论看到了什么。告诉他们爱护大自然和环境的重要性。小心蜜蜂。

语言学习

词汇

- 胶带
- 粘
- 花瓣
- 手腕
- 放置
- 树叶
- 室外散步
- 闻
- 像……一样（闻起来像……一样）

活动用语

"我们到室外去走一走，看看花花草草。手腕上的胶带看起来很像一个手镯。我们把捡来的花草粘贴在手镯上。这里有一片花瓣，闻一闻，是什么气味？这里有一片树叶，摸一摸，有什么感觉？"

歌曲、儿歌和手指游戏

歌曲：《带一朵花儿给我》
作词：金伯利·博安农
曲调：《我的邦妮漂洋过海》（My Bonnie Lies over the Ocean）

花儿生长在花园里。　　　　　　最初它只是种子一粒。

花瓣展开，明亮又绽放。　　　　　　　　　带一朵花儿给我。

　　花儿，花儿，

儿歌：《我们去大自然中散步》

作词：金伯利·博安农

　　我们到林中去散步，

　　我们到林中去散步

　　　　捡些小花朵，

　　　　捡些小花朵。

　　　　哪里有花朵，

　　　　哪里有花朵，

　　　　这里有花朵。

附加歌词：

　　可以用散步路上见到的树叶等
其他名词替换歌词中的"花朵"。

农场里的朋友

游戏材料

- ✂ 关于农场动物的图片或者故事书
- ✂ 农场设施玩具
- ✂ 农场动物玩具

推荐书目

- ✎ 《咔嚓，咔嚓，咔嚓：字母之旅》(*Click, Clack, Quackity-Quack: An Alphabetical Adventure*)，作者：Doreen Cronin
- ✎ 《农场动物》(*Farm Animals*)，作者：Phoebe Dunn
- ✎ 《韦斯·维斯夫人的农场》(*Mrs. Wishy-Washy's Farm*)，作者：Joy Cowley
- ✎ 《我的大本动物书》(*My Big Animal Book*)，作者：Roger Priddy
- ✎ 《打开谷仓的门》(*Open the Barn Door...*)，作者：Christopher Santoro

游戏方法

把图书、农场设施玩具、农场动物玩具摆放在一起。和幼儿一起坐在地板上，为他们读推荐图书。把农场图片指给他们看，向他们描述农场设施，包括谷仓和农场动物等。鼓励幼儿玩农场设施玩具及动物玩具，让他们说出农场动物的名字。让幼儿模

学习成果

社会性 – 情绪发展
- ○ 与成年人的关系
- ○ 同伴关系
- ○ 同理心
- ○ 关心他人
- ○ 分享

生理发展
- ○ 精细动作技能

认知发展
- ★ 模仿他人
- ○ 记忆
- ○ 空间意识
- ○ 经验关联
- ○ 数字意识
- ○ 游戏进程

语言发展
- ★ 阅读
- ○ 接受性语言
- ○ 表达性语言
- ○ 在游戏中使用语言

仿农场动物的叫声，并把动物放置在玩具农场中。把相关的词语、歌曲和儿歌告诉幼儿，和他们一起描述农场场景，唱有关农场的歌曲或儿歌。

调整适用于两三岁儿童

重复上述活动，对农场进行更详细的描述。比如，说一说农民在做什么。各种农具或机器的用途，不同的动物吃的是什么，我们吃的家禽的名称等。

扩展活动

和幼儿一起种植一片小园子，让幼儿用自制海报的方式记录花园植物的生长，可以从张贴种子的图片开始。把幼儿在园子里帮助种植的情形拍照留存，张贴起来，供家长和幼儿观看。

语言学习

词汇

- 农场
- 马
- 拖拉机
- 农场动物
- 鸭子
- 干草
- 农民
- 鸡
- 饲料
- 奶牛
- 兔子
- 猪
- 谷仓

活动用语

"农场有很多动物。这个图片上有奶牛、猪和马。你能把奶牛指出来吗？奶牛哞哞叫，和我一起说：哞。 真棒！猪哼哼叫，和我一起：哼哼哼。那位农民正在照看这些动物。"

歌曲、儿歌和手指游戏

歌曲：《老麦克唐纳有个农场》（Old MacDonald Had a Farm）（传统歌曲）

花园里的脚印

游戏材料

- ✂ 绿色、黄色、粉色、红色、黑色颜料
- ✂ 水桶
- ✂ 一张长的、不透水的厚纸
- ✂ 小容器或平底锅
- ✂ 黑色记号笔
- ✂ 一些海绵刷
- ✂ 水
- ✂ 纸巾

推荐书目

- ✑ 《在花园数数》（*Counting in the Garden*），作者：Kim Parker
- ✑ 《十个小手指》（*Ten Little Fingers*），作者：Annie Kubler
- ✑ 《这只小猪》（*This Little Pigs*），作者：Annie Kubler

游戏方法

把预备好的纸贴在地板上当作画纸。把绿色的颜料挤在小容器或者平底锅中，用海绵刷蘸取绿色颜料，在纸的下部每隔 5~10 厘米画一笔，作为花

学习成果

社会性－情绪发展
- ★ 自我同一性
- ○ 自我意识
- ○ 与成年人的关系
- ○ 同伴关系
- ○ 自我调节
- ○ 分享

生理发展
- ○ 感知能力
- ○ 大动作技能

认知发展
- ★ 遵循简单指令
- ○ 因果关系
- ○ 记忆
- ○ 空间意识
- ○ 经验关联
- ○ 模仿他人

语言发展
- ○ 接受性语言
- ○ 表达性语言
- ○ 把文字和真实世界的知识相关联
- ○ 概念词汇
- ○ 阅读

园的草地。把绿色、黄色、粉色、红色颜料挤在不同的容器里。脱下幼儿的鞋袜，让他们选一个颜色，逐一帮助他们把颜料涂在他们的脚底，让他们踩在画好的青草的顶部。帮助他们从画纸上走下来，洗去他们脚底上的颜料，擦干脚，穿上鞋袜。画纸上的脚印干透以后，用海绵刷和黑色记号笔画出花茎。将幼儿的名字标注在旁边，作为花朵的名字。把推荐图书读给幼儿听，教给他们新词，和他们一起唱歌，或者一起念儿歌。

调整适用于两三岁儿童
邀请幼儿和你一起在画纸上涂画青草。

扩展活动
邀请幼儿在厚纸板上制作自己的脚印画，他们也可以在上面画上云朵和太阳。

语言学习

词汇

▶ 颜料   ▶ 鲜花   ▶ 擦干   ▶ 洗
▶ 青草   ▶ 湿的   ▶ 画纸   ▶ 水桶
▶ 踩   ▶ 刷子   ▶ 脚印   ▶ 放进
▶ 海绵   ▶ 脚丫

活动用语
"请你把黄色颜料选出来。我们给你画一个黄色的脚印。脚上涂上颜料是什么感觉？把你的脚丫踩在画纸上。看呀，你的脚印印在画纸上了。把脚放水桶里，我帮你把颜料洗掉。现在该托尼了。"

歌曲、儿歌和手指游戏

歌曲：《你看见一朵花了吗？》

作词：金伯利·博安农

曲调：《你曾见过一个小女孩》（Did You Ever See a Lassie？）

你看见一朵花了吗？　　　　　　　长成这样，长成那样，
　一朵花，一朵花。　　　　　　　　　这样，那样。
你看见一朵花了吗？　　　　　你看见一朵花了吗？有花瓣与绿叶。
　有花瓣与绿叶。

附加歌词：

用彩虹、瓢虫、蜘蛛、蝴蝶等替换歌词中的"花"。

歌曲：《给我带回一朵花》

作词：金伯利·博安农

曲调：《我的邦妮漂洋过海》

从种子渐渐长大。　　　　　　　绽放如此清香豪放。
花瓣绽放，明快又张扬　　　　　　鲜花，鲜花，
　在花柄和绿叶之上。　　　　　　给我带回一朵花。
　　鲜花，鲜花，

脱帽致敬

游戏材料

- ✂ 不同种类的成人带沿帽子（方便幼儿戴上摘下）
- ✂ 镜子

推荐书目

- ✎《蓝帽子，绿帽子》(*Blue Hat, Green Hat*)，作者：Sandra Boynton
- ✎《帽子》(*Hats*)，作者：Debbie Bailey
- ✎《帽子，帽子，帽子》(*Hats, Hats, Hats*)，作者：Ann Morris
- ✎《谁的帽子？近观工人戴的帽子——硬、高、闪光》(*Whose Hat Is This?A Look at Hats Workers Wear—Hard, Tall, and Shiny*)，作者：Sharon Katz Cooper

游戏方法

　　幼儿喜欢把帽子从头上摘下来，再戴上去。选一顶帽子，比如建筑工人戴的安全帽。把帽子的颜色描述给幼儿听，并给幼儿演示如何把帽子戴在头上。把他们带到镜子前面，让他们看自己戴着帽子的样子。把另外一顶帽子戴在自己头上，向其他幼儿描述这个帽子。幼儿喜欢把帽子

学习成果

社会性－情绪发展
- ★ 自我意识
- ★ 分享
- ○ 自我同一性
- ○ 与成年人的关系
- ○ 同伴关系

生理发展
- ○ 大动作技能

认知发展
- ○ 因果关系
- ○ 记忆
- ○ 空间意识
- ○ 经验关联
- ○ 模仿他人
- ○ 游戏进程
- ○ 遵循简单指令

语言发展
- ○ 接受性语言
- ○ 表达性语言
- ○ 把文字和真实世界的知识相关联
- ○ 概念词汇
- ○ 在游戏中使用语言

从你的头上摘下来，再重新给你戴回去。把推荐图书读给幼儿听，把新词教给他们，和他们一起唱歌，或者一起念儿歌。

调整适用于两三岁儿童

幼儿开始玩扮演游戏时，他们会更加热衷于创造性地使用帽子。在扮演游戏区放置一些和帽子相关的物品，比如，工具腰带、玩具工具、建筑工人的靴子等。

扩展活动

更换扮演游戏区的主题，比如，把游戏区主题设计为建筑工地、面包坊或者露营地。在游戏区放置与主题相关的设施或道具，包括一些戴帽子的玩偶或者填充动物玩具。

语言学习

词汇

▶ 上面	▶ 摘下	▶ 举起	▶ 放下
▶ 前面	▶ 后面	▶ 我的	▶ 你的
▶ 分享	▶ 放置	▶ 戴上	▶ 顶部
▶ 帽檐	▶ 塑料	▶ 吸管	

活动用语

"看我把这顶黄色的帽子戴在头上。把帽子戴在我的头上。你能把它摘下来吗？看镜子中的你。这顶帽子是建筑工人戴的。我们来问一下米高是否要把这顶帽子戴上。"

歌曲、儿歌和手指游戏

歌曲：《我的头上有顶帽子》
作词：金伯利·博安农

曲调：《山谷里的农夫》

我的头上有顶帽子。
我的头上有顶帽子。
是顶安全帽。
我的头上有顶安全帽。
我的头上有顶帽子。
我的头上有顶帽子。
是顶厨师帽。
我的头上有顶厨师帽。
我的头上有顶帽子。
我的头上有顶帽子。

是顶牛仔帽。
我的头上有顶牛仔帽。
我的头上有顶帽子。
我的头上有顶帽子。
是一顶礼帽。
我的头上有顶礼帽。
我的头上有顶帽子。
我的头上有顶帽子。
是一顶草帽。
我的头上有顶草帽。

儿歌：《到处都是帽子》
作词：金伯利·博安农
（一起念儿歌之前，可以让幼儿拿
一顶帽子戴上。）

帽子，帽子，到处都是。
一些是高帽，一些是圆帽。
把帽子举起，把帽子放下。
找一顶新的，到处都是。
帽子，帽子，到处都是。

你好，再见

游戏材料

推荐书目

✏ 《你好！再见！》（*Hello! Good-bye!* ），作者：Aliki

✏ 《我对你的爱有多深？》（*How Do I Love You?* ），作者：Marion Dane Bauer

✏ 《亲吻的手》（*The Kissing Hand* ），作者：Audrey Penn

✏ 《我想念你的时候》（*When I Miss You* ），作者：Cornelia Maude Spelman

游戏方法

　　说"你好"和"再见"是和成年人及同龄人建立关系的重要方式。成年人可以向幼儿演示如何挥手说"你好"和"再见"。飞吻也是我们对他人表达关心的重要方式之一。幼儿抵达保育中心或者离开保育中心的时候，向幼儿演示如何相互打招呼，并鼓励他们模仿你的样子向他人问好和道别。把推荐图书读给幼儿听，把新词教给他们，和他们一起唱歌，或者一起念儿歌。

学习成果

社会性－情绪发展
- ★ 同伴关系
- ○ 自我意识
- ○ 自我同一性
- ○ 与成年人的关系
- ○ 同理心
- ○ 关心他人

生理发展
- ○ 精细动作技能

认知发展
- ○ 记忆
- ○ 经验关联
- ○ 模仿他人

语言发展
- ★ 沟通需要
- ○ 接受性语言
- ○ 表达性语言
- ○ 把文字和真实世界的知识相关联
- ○ 概念词汇
- ○ 阅读

调整适用于两三岁儿童

幼儿抵达保育中心的时候，迎接并问候他们，鼓励他们向已经到达的小朋友挥手问好。在一天结束的时候，请幼儿向离开的幼儿挥手或飞吻告别。

扩展活动

幼儿想念父母的时候，和他们聊一聊他们的心情。教他们使用表达心情的词语。让他们给父母画一张有关他们心情的图画。把推荐图书读给幼儿听。

语言学习

词汇

▶ 你好	▶ 再见	▶ 拜拜	▶ 挥手
▶ 吹	▶ 吻	▶ 手	▶ 问候
▶ 朋友	▶ 想念	▶ 开心	▶ 难过
▶ 害怕	▶ 高兴	▶ 喜悦	▶ 激动

活动用语

"我们给妈妈一个飞吻，和她说再见吧。挥挥手，说再见。晚些时候，她会回来的。这是我们的朋友汤米，我们向他挥手说'你好'。很开心今天他和我们一起玩。"

歌曲、儿歌和手指游戏

歌曲：《你好，再见》
作词：金伯利·博安农
曲调：《雅克兄弟》

挥手问好，　　　　　　　　　　　对朋友。
挥手问好，　　　　　　　　　　　对朋友。

开开心心一整天，
开开心心一整天。
挥手问好，
对朋友。
飞个吻吧，
飞个吻吧，
对朋友，
对朋友。
我们明天再见。
我们明天再见。

飞个吻吧，
对朋友。
挥手再见，
挥手再见，
对朋友，
对朋友。
我们明天再见。
我们明天再见。
挥手再见，
对朋友。

一起玩吧

游戏材料

推荐书目

- 《眼睛，鼻子，手指和脚趾：第一本关于你的书》（ *Eyes, Nose, Fingers, and Toes: A First Book All About You* ），作者：Judy Hindley
- 《妈妈的小星星》（ *Mommy's Little Star* ），作者：Janet Bingham
- 《我的手》（ *My Hands* ），作者：Aliki
- 《那只极其忙碌的小蜘蛛：一本翻页书》（ *The Very Busy Spider: A Lift-the-Flap Book* ），作者：Eric Carle

游戏方法

　　教幼儿学习手指游戏，你可参考后文提供的手指游戏，也可选用自己喜欢的。让幼儿坐在你的腿上，向他演示如何做手指游戏。即便幼儿还不能独自完成活动，他也喜欢看你一遍遍做手指游戏，听你唱手指游戏的歌曲或儿歌。随着他们渐渐长大，就会开始模仿你，和你一起做。把推荐图书读给幼儿听，把新词教给他们，和他们一起唱后文的《学校里的好朋友》，或者一起念儿歌。

学习成果

社会性－情绪发展
- ★ 与成年人的关系
- ○ 自我意识
- ○ 自我同一性
- ○ 同伴关系
- ○ 自我调节

生理发展
- ○ 精细动作技能

认知发展
- ★ 游戏进程
- ○ 记忆
- ○ 经验关联
- ○ 模仿他人
- ○ 遵循简单指令

语言发展
- ○ 接受性语言
- ○ 表达性语言
- ○ 把文字和真实世界的知识相关联
- ○ 概念词汇
- ○ 阅读
- ○ 音乐、节奏和韵律
- ○ 在游戏中使用语言

调整适用于两三岁儿童

随着不断练习，幼儿做手指游戏越来越熟练，唱歌或者念儿歌时，吐字也越来越清晰。当他们开始进行平行游戏时，他们会非常乐于与你或者他的小伙伴一起做手指游戏。

扩展活动

把《那只极其忙碌的小蜘蛛：一本翻页书》或者《妈妈的小星星》读给幼儿听，鼓励幼儿用蜡笔、记号笔等把蜘蛛或者星星画下来。

语言学习

- 手指
- 星星
- 爬行
- 脚趾
- 大拇指
- 下去
- 手
- 打开
- 上来
- 游戏
- 关上
- 闪动
- 蜘蛛

活动用语

"过来和我坐一起，我们一起唱《一闪一闪小星星》，仔细看我的手指怎么做。让我们一起做。我会帮助你。你做到了！我们再唱一遍吧。"

歌曲、儿歌和手指游戏

歌曲：《学校里的好朋友》
作词：琼·芭芭拉
曲调：《雅克兄弟》

一起玩耍，一起玩耍，
多快乐，多快乐。
我们在一起很快乐。

我们在一起很快乐，
同学们，同学们。

手指游戏：

《一闪一闪小星星》（Twinkle, Twinkle, Little Star）（传统歌曲）

《大拇指在哪里》（Where is Thumbkin）（传统歌曲）

《打开，关闭》（Open, Shut Them）（传统歌曲）

《小小蜘蛛》（Itsy, Bitsy Spider）（传统歌曲）

《这只小猪》（This Little Piggy）（传统歌曲）

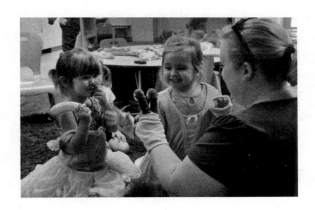

39

动一动，晃一晃

游戏材料

✂ 幼儿容易抓取和使用的乐器，比如：手铃和脚铃、蛋型沙槌、沙槌、钹、铃鼓和节奏棒等

✂ 有不同节奏的音乐，比如格雷格（Greg）和史蒂夫（Steve）的《摇一摇，晃一晃，抖一抖》（*Shake, Rattle, and Rock*）或者《我们生活在一起》（*We All Live Together*）

推荐书目

✎《谷仓舞！》（*Barnyard Dance!*），作者：Sandra Boynton

✎《长颈鹿不跳舞》（*Giraffes Can't Dance*），作者：Giles Andreae

✎《小老鼠上学第一天》（*Mouse's First Day of School*），作者：Lauren Thomson

✎《莉莉太吵了》（*Too Loud Lily*），作者：Sofie Laguna

游戏方法

每周给幼儿介绍一种新的乐器。向幼儿描述乐器，鼓励他们伸手摸一摸乐器，听一听乐器的声

学习成果

社会性－情绪发展
○ 自我意识
○ 与成年人的关系
○ 同伴关系
○ 自我调节
○ 分享

生理发展
○ 感知能力
○ 精细动作技能

认知发展
★ 因果关系
○ 记忆
○ 空间意识
○ 经验关联
○ 数字意识
○ 模仿他人
○ 游戏进程
○ 遵循简单指令

语言发展
★ 音乐、节奏韵律
○ 接受性语言
○ 表达性语言
○ 把文字和真实世界的知识相关联
○ 概念词汇

音。唱歌的时候，向他们演示如何用乐器伴奏。向婴儿及学步儿演示如何摇动铃铛或沙槌。唱歌或者做游戏的时候，邀请幼儿用乐器伴奏。把乐器放在幼儿容易拿到的地方，方便他们在游戏中使用。把推荐图书读给幼儿听，把新词教给他们，和他们一起唱歌，或者一起念儿歌。

调整适用于两三岁儿童

和一组或多名幼儿一起唱一首熟悉的歌，比如《划、划、划小船》，把歌曲的节奏告诉幼儿，一边唱歌，一边拍手打节奏。用一种新的乐器重复游戏。把乐器交给幼儿，让他们互相传递，培养他们分享和轮流的习惯。

扩展活动

让每个幼儿都选择一种乐器组成一个小乐队。唱一首熟悉的歌，让幼儿随着歌曲的节奏，练习使用自己选择的乐器。让他们辨认自己使用的乐器的声音。让他们排成一队在房间里行走，一边欣赏音乐，一边演奏自己的乐器。歌曲结束的时候，让他们交换乐器，换一首歌，继续游戏。

语言学习

词汇

▶ 乐器	▶ 节拍棒	▶ 分享	▶ 歌曲
▶ 铃鼓	▶ 传递	▶ 音乐	▶ 钹
▶ 响声	▶ 触摸	▶ 沙槌	▶ 声音
▶ 闪亮	▶ 蛋型沙槌	▶ 节拍	▶ 把手
▶ 响铃	▶ 节奏	▶ 聆听	

活动用语

"这是铃铛。我会给你们每人一个手铃。晃动你的手铃，听听手铃发出的声音。这些铃铛闪闪发光，还有把手。这个是沙槌，也能发出声音。听听它的声音是什么样的。它和手铃的声音有什么不同？"

歌曲、儿歌和手指游戏

歌曲：《演奏乐器》
作词：琼·芭芭拉
曲调：《划、划、划小船》

制造，制造，制造声音，
调高或调低。
快一点，慢一点，
高低快慢都可以！
敲，敲，敲你的鼓，
手高或手低。
敲你的鼓，
敲你的鼓，
听它咚咚咚。

40

和朋友一起来跳舞

游戏材料

- ✄ 节奏不同的音乐，比如格雷格和史蒂夫的《运动中的小朋友：蹦蹦跳跳》(*Kids in Motion, Jumpin' and Jammin'*) 或者《摇一摇，晃一晃，抖一抖》
- ✄ 填充动物玩具
- ✄ 玩具娃娃

推荐书目

- ✐ 《谷仓舞！》(*Barnyard Dance!*)，作者：Sandra Boynton
- ✐ 《舞动的脚！》(*Dancing Feet!*)，作者：Lindsey Craig
- ✐ 《长颈鹿不跳舞》(*Giraffes Can't Dance*)，作者：Giles Andreae
- ✐ 《母鸡萝丝去散步》(*Rosie's Walk*)，作者：Pat Hutchins

游戏方法

学习成果

社会性－情绪发展
- ○ 自我意识
- ○ 与成年人的关系
- ○ 同伴关系
- ○ 分享

生理发展
- ○ 感知能力
- ○ 大动作技能
- ○ 精细动作技能

认知发展
- ○ 空间意识
- ○ 经验关联
- ○ 模仿他人
- ○ 游戏进程

语言发展
- ★ 概念词汇
- ★ 音乐、节奏和韵律
- ○ 接受性语言
- ○ 表达性语言
- ○ 把文字和真实世界的知识相关联

幼儿喜欢随着音乐起舞。我们有时独自跳舞，有时和朋友一起跳舞，演示给幼儿看。邀请一个幼儿和你一起跳舞，然后，请幼儿邀请其他小朋友，或者填充玩具动物，或者玩具娃娃一起跳舞。一边伴随着音乐跳舞，一边把相关的词语教给他们，比如走，停，开始，结束，绕圈，下面，越过，右边，左边，荡过去，扭动，转动，高，低。把推荐图书读给幼儿听，把新词教给他们，和他们一起唱歌，或者一起念儿歌。

调整适用于两三岁儿童

随着音乐起舞的时候，让幼儿戴上围巾或者帽子。把他们跳舞的情景录下来，播放给他们看。

扩展活动

在室外草地上玩跳舞游戏。如果条件许可，可以让小朋友赤脚跳舞。

语言学习

词汇

- 音乐
- 开始
- 右边
- 高
- 跳舞
- 结束
- 左边
- 低
- 朋友
- 绕圈
- 荡过去
- 走动
- 下面
- 扭起来
- 停止
- 越过
- 转动

活动用语

"今天，我们和朋友们一起跳舞。谁想和我一起跳舞？我把弗朗姬搂在怀里旋转的时候，你们仔细看。现在，我们要转个圈。选一个朋友，或者一个填充动物玩具，或者一个玩具娃娃做你的舞伴，我会再次播放音乐。"

歌曲、儿歌和手指游戏

歌曲：《舞蹈鞋》
作词：金伯利·博安农

曲调：《玛丽有只小羊羔》（Mary Had a Little Lamb）

同学们穿上舞蹈鞋，
舞蹈鞋，舞蹈鞋。

同学们穿上舞蹈鞋，
跳舞不停歇。

附加歌词：
用幼儿的名字替换歌词中的"同学们"。

儿歌：《扭一扭，转一转》
作词：金伯利·博安农

让你的身体扭起来，
让你的身体转起来，
扭一扭，
转一转。
快些扭，
慢些转，
扭起来，转起来
扭起来，转起来
向左转，
向右转，
左扭右转，
左扭右转。
让你的身体扭起来，
让你的身体转起来，

扭一扭，
转一转。

我的家人

游戏材料

✂ 幼儿家人的照片
✂ 胶棒
✂ 海报板

推荐书目

✏《灰熊忙碌的一家》（*Bear's Busy Family*），作者：Stella Blackstone
✏《我对你的爱有多深》（*How Do I Love You?*），作者：Marion Dane Bauer
✏《妈妈变变变》（*Mama Zooms*），作者：Jane Cowen-Fletcher
✏《你和我在一起：世界各地的妈妈，爸爸和孩子》（*You and Me Together: Moms, Dads, and Kids Around the World*），作者：Barbara Kerley

学习成果

社会性 - 情绪发展
★ 与成年人的关系
○ 自我意识
○ 自我同一性
○ 同伴关系
○ 同理心
○ 关心他人
○ 分享

生理发展
○ 感知能力

认知发展
○ 记忆
○ 经验关联

语言发展
★ 接受性语言
○ 表达性语言
○ 沟通需要
○ 把文字和真实世界的知识相关联
○ 概念词汇

游戏方法

让幼儿家人把家庭照片带到保育中心，并请他们把照片中的人物和活动标注出来。帮助幼儿识别照片中的人物并把家人的名字告诉幼儿。把每个幼儿的家庭照片粘贴在独立的海报板上，与幼儿的视线高度持平。告诉他们每一家人都很独特。把推荐图书读给幼儿听，把新词教给他们，和他们一起唱歌，或者一起念儿歌。

调整适用于两三岁儿童

在围坐时间，请幼儿轮流谈一下自己家人的情况。让他们为家人画像，把他们谈到的事情写在画像的后面。

扩展活动

请幼儿家人带一些代表家庭文化的物品到保育中心，让幼儿轮流为大家做介绍，如果这些物品能留在教室里，在教室划出一块区域，把这些物品安全地放置在那里，供幼儿日后观看学习。

语言学习

词汇

▸ 家人	▸ 照片	▸ 妈妈	▸ 阿姨
▸ 爷爷	▸ 姐妹	▸ 兄弟	▸ 奶奶
▸ 家	▸ 爱	▸ 宠物	▸ 叔伯
▸ 高	▸ 低	▸ 爸爸	

活动用语

"每个家庭都不同，都很特别。我们的家人是那些爱我们的人。这是你们家人的一些照片。这位是谁呢？是你的奶奶吗？看起来你和你家的狗狗玩得很开心。你们一家人是去公园玩了吗？你们在公园做了什么？"

歌曲、儿歌和手指游戏

儿歌：《你有一个家庭》
作词：金伯利·博安农

你有一个家庭。

是的，你有家。

你有一个家庭。

家人都爱你。

你有一个家庭。

是的，你有家。

谁是你的家人？

（让幼儿指出照片中的家人，并说出家人的名字。）

他很爱你呀。

（用幼儿说出的名字替换"他"。）

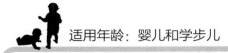

我的五种感官

游戏材料

- ✂ 触感不同的物体（包括生活中的实物，比如水果、鲜花、树叶、木头等）
- ✂ 棉花球
- ✂ 烘焙用香精（比如香草香精、杏仁味香精、橙子味香精等），滴在棉花球上

推荐书目

- ✎《宝宝感触动物》（*Baby Touch and Feel Animals*），作者：DK Publishing
- ✎《别摸，烫》（*Don't Touch, it's Hot*），作者：David Algrim
- ✎《我的五种感官》（*My Five Senses*），作者：Aliki
- ✎《我的五种感官》（*My Five Senses*），作者：Margaret Miller

游戏方法

收集一些物品，让幼儿通过不同的感官感知这些物品，引导幼儿认识人的五种感官。让幼儿触摸自己的耳朵、眼睛、鼻子、舌头和指尖。把物品传递给幼儿，每个幼儿一次只传递一个物品，让他们摸一摸，闻一闻，感受一下。把物品及其气味描述给幼儿听，让他们把感官感受和物体建立联系。告诉

学习成果

社会性－情绪发展

★ 同理心
○ 自我意识
○ 与成年人的关系
○ 同伴关系
○ 分享

生理发展

○ 感知能力
○ 精细动作技能

认知发展

○ 记忆
○ 空间意识
○ 经验关联
○ 模仿他人

语言发展

★ 在游戏中使用语言
○ 接受性语言
○ 表达性语言
○ 把文字和真实世界的知识相关联
○ 概念词汇

他们，我们在吃东西的时候如何借助味觉和嗅觉感知食品。告诉幼儿不同的物体感受不同，比如，泰迪熊摸起来软软的，木头摸起来硬硬的。可以帮助幼儿了解五种感官感受的活动很多，比如我们之前提到的活动 26（铃铛和哨子），后文的活动 80（剥橘子），以及活动 80（击鼓行进）。把推荐图书读给幼儿听，把新词教给他们，和他们一起唱歌，或者一起念儿歌。

调整适用于两三岁儿童

邀请幼儿做感官游戏。每次邀请一个幼儿，让他们用手遮住眼睛，或者捂上耳朵。把物体，比如草莓或者一片橘子放在他们的鼻子下边，看看他们能不能猜出是什么。给幼儿需要其他感官感知的物体，继续这个游戏。向幼儿解释人们在口味和气味上有不同的喜好。

扩展活动

带幼儿到室外散步。走走停停，观察沿途不同的物体，让幼儿通过不同的感官感知物体。把物体放在篮子里或者托盘里，以便幼儿观察。

语言学习

词汇

▸ 五种感官	▸ 眼睛	▸ 关闭	▸ 鼻子
▸ 盖上	▸ 舌头	▸ 耳朵	▸ 手指

活动用语

"我们通过五种感官感知世界。我们的感官告诉我们听见了什么，看见了什么，闻见了什么，尝到了什么，感到了什么。摸一下你的耳朵，我摇沙槌，你告诉我听到了什么。这个声音和圣诞铃铛发出的声音有什么不同？我们用手指触摸感觉东西。泰迪熊摸起来是什么感觉？是软软的吗？这是一个皮球，泰迪熊和皮球摸起来有什么不同？"

歌曲、儿歌和手指游戏

歌曲：《跳舞的鞋》

作词：金伯利·博安农

曲调：《玛丽有只小羊羔》

花儿，花儿多甜美，
多甜美，
多甜美。
花儿，花儿多甜美，
让我们放进花瓶里。
泰迪，泰迪多柔软，
多柔软，
多柔软。
泰迪，泰迪多柔软，
让我们紧紧拥抱它。

43

我的储物格子

游戏材料

- ✂ 小篮子或小桶
- ✂ 幼儿的照片

推荐书目

- ✎《宝宝的脸》（*Baby Faces*），作者：Margaret Miller
- ✎《亲吻的手》（*The Kissing Hand*），作者：Audrey Penn
- ✎《我的新学校》（*My New School*），作者：Kirsten Hall

游戏方法

用个人物品为每个幼儿创设一个属于他们自己的储物格子。可以把存储空间分割成很多小储物格子，给每个幼儿一个小储物格子，放置幼儿的个人物品。把幼儿的名字贴在属于他的储物格子上，并且贴上这名幼儿的近照。在每个储物格子里放置一个小篮子或者小桶，以便收纳幼儿的物品。幼儿每天抵达保育中心后，告诉他们可以将自己的物品放在哪里。幼儿很快就会把自己的物品，比如睡觉时用的心爱的小毯子，与储物格子建立联系。把推荐图书读给幼儿听，把新词教给他们，和他们一起唱歌，或者一起念儿歌。

学习成果

社会性－情绪发展
- ○ 自我意识
- ○ 自我同一性
- ○ 与成年人的关系
- ○ 自我调节

生理发展
- ○ 大动作技能
- ○ 精细动作技能

认知发展
- ★ 记忆
- ★ 遵循简单指令
- ○ 空间意识
- ○ 数字意识
- ○ 模仿他人

语言发展
- ○ 接受性语言
- ○ 表达性语言
- ○ 沟通需要
- ○ 概念词汇

调整适用于两三岁儿童

幼儿每天抵达保育中心时，先让他们把自己的物品放进自己的储物格子，养成良好的习惯。一天生活结束，他们离开保育中心时，让他们帮助家人到储物格子里取自己的物品。这个习惯可以帮助幼儿形成生活规律，为后续活动做好准备。幼儿走进保育中心，把个人物品放进储物格子，就知道接下来要开始游戏、探索和学习了。

扩展活动

利用储物格子可以教导幼儿承担责任、遵循简单指令。比如，幼儿完成艺术作品后，让他把自己的作品放进他的储物格子里。他会记住东西放在储物格子里，放学的时候可以带回家。幼儿需要这样的机会练习遵循简单指令。出门玩耍前，你也可以让幼儿到储物格子取自己的毛衣或者夹克衫，做好外出的准备。

语言学习

词汇

- 储物格子
- 我的
- 放置
- 收集
- 空间
- 名字
- 拿到
- 放下
- 篮子
- 你的
- 去

活动用语

"这是你的储物格子！你的照片贴在上面呢。看见了吧？这是你的照片。一会儿我们到外面去玩的时候，我们会到这里来找你的储物格子，拿夹克衫。"

歌曲、儿歌和手指游戏

儿歌：《欢迎来学校》

作词：金伯利·博安农

欢迎，欢迎，欢迎来学校！　　　　　　欢迎，欢迎，一天真快乐！
　欢迎，欢迎，你来真是好。　　　　　欢迎，欢迎，把你的物品归置好。

神秘的盒子

游戏材料

- ✂ 鞋盒或纸盒，把事先收集好的物品放进去
- ✂ 一些包装纸
- ✂ 一些教室里常见的物品

推荐书目

- ✎《最早学到的 100 个词》(*First 100 Words*)，作者：Roger Priddy
- ✎《又到南瓜季》(*It's Pumpkin Time!*)，作者：Zoe Hall
- ✎《我的朋友在哪里？》(*Where Is My Friend?*)，作者：Simms Taback

游戏方法

把盒子的外部以及盖子用包装纸包好。把物品放进盒子里，告诉幼儿如何进行游戏。把盒子藏在容易找到的地方，和幼儿一起寻找这个神秘的盒子。请幼儿帮助把其他物品放进盒子，重复进行游戏。这个活动可以邀请多个幼儿一起参加。可以隔段时间把不同的物品放进盒。把推荐图书读给幼儿听，把新词教给他们，和他们一起唱歌，或者一起念儿歌。

调整适用于两三岁儿童

随着幼儿年龄的增长，可以鼓励幼儿把盒子藏起来，邀请其他幼儿或成年人寻找。

学习成果

社会性 - 情绪发展
- ○ 与成年人的关系
- ○ 同伴关系

生理发展
- ○ 大动作技能
- ○ 精细动作技能

认知发展
- ★ 记忆
- ★ 空间意识
- ○ 因果关系
- ○ 经验关联
- ○ 游戏进程

语言发展
- ○ 接受性语言
- ○ 表达性语言

这个游戏可以用来介绍新的玩具或教具。

扩展活动
稍微年长的幼儿可以尝试猜测神秘盒子里面的物品是什么。

语言学习

词汇

▸ 盒子　　　▸ 定位　　　▸ 南瓜　　　▸ 寻找
▸ 搜寻　　　▸ 摇晃　　　▸ 藏起来　　▸ 找到
▸ 上面　　　▸ 里面　　　▸ 看见

活动用语
"我们到哪里去寻找神秘盒子呢？枕头下面会有吗？你还记得盒子里面的东西是什么吗？对了！是个大南瓜！太棒了！你找到了！我们把什么东西放进盒子里藏起来呢？"

歌曲、儿歌和手指游戏
手指游戏：《五个小南瓜》
作词：金伯利·博安农

（从盒子里拿出玩具南瓜。）

五个南瓜长在藤上，
一个掉下，喊"疼！"
四个南瓜长在藤上，
一个掉下，喊"完！"
三个南瓜长在藤上，

一个掉下，叫"哎呀！"
两个南瓜长在藤上，
一个掉下，说"再见！"
最后一个南瓜长在藤上，
被人摘下，做了饼。

唔，唔，真好吃！

（说"好吃"的时候，带上激动或者难过的语气和表情。）

（一边念儿歌，一边用手指数南瓜的个数。举起一只胳膊，说"长在藤上"的时候，另一只手沿着举起的胳膊肘向上爬。）

45

名字游戏

游戏材料

✂ 每个幼儿的照片
✂ 小镜子

推荐书目

✎《ABC，我爱自己！》（*ABC I Like Me!*），作者：Nancy Carlson

✎《从 A 到 Z》（*A to Z*），作者：Sandra Boynton

✎《黑白兔子的 ABC》（*Black and White Rabbit's ABC*），作者：Alan Baker

✎《颜色，字母，数字》（*Colors, ABC, Numbers*），作者：Roger Priddy

游戏方法

学习成果
社会性 - 情绪发展
★ 自我同一性
○ 自我意识
○ 与成年人的关系
○ 同伴关系
生理发展
○ 感知能力
○ 大动作技能
○ 精细动作技能
认知发展
○ 记忆
○ 数字意识
语言发展
★ 沟通需要
○ 接受性语言
○ 表达性语言
○ 把文字和真实世界的知识相关联

帮助幼儿明白一切物品都有名字。幼儿在保育中心的时间，要经常叫幼儿的名字。把幼儿的照片拿给幼儿看，帮助他们认识镜子中的自己。比如，"玛丽在哪里？玛丽在这里。玛丽的鼻子在哪里？"把幼儿熟悉的物品的名字告诉幼儿。把推荐图书读给幼儿听，把新词教给他们，和他们一起唱歌，或者一起念儿歌。

调整适用于两三岁儿童

帮助幼儿增加词汇量，学习物品的名字。引导幼儿认识新词或新概念。散步、游戏或读书的时候，重复物品的名字，鼓励幼儿学你的样子把物品的名字说出来。

扩展活动

准备一种水果或蔬菜供幼儿学习。向幼儿描述这个水果或者蔬菜的时候，帮助幼儿学习新词。让幼儿对这个水果或者蔬菜做进一步的研究，把它切成小块，让幼儿仔细观察。让幼儿品尝一下切开的水果或者蔬菜，问他们喜欢什么，不喜欢什么。让家长知道幼儿在保育中心每天学了什么新词，以便他们回家以后能够继续学习和使用。

语言学习

词汇

- 镜子
- 照片
- 幼儿
- 鼻子
- 眼睛
- 嘴巴
- 球
- 游戏
- 玩具
- 读书
- 图书
- 苹果
- 西红柿
- 种子

活动用语

"这是一个红苹果。你可以和我一起说苹果吗？苹……果……你可以把苹果指给我看吗？摸一摸，闻一闻。我把苹果切成小块，你可以尝一下。看！这是种子。味道怎么样？你喜欢苹果的什么呢？我们一起读《苹果派树》吧。"

歌曲、儿歌和手指游戏

歌曲：《玛丽在哪里？》
作词：琼·芭芭拉
曲调：《雅克兄弟》

玛丽玛丽在哪里？　　　　　　　这么高兴看见你。

玛丽玛丽在哪里？　　　　　　　这么高兴看见你。

在这里。　　　　　　　　　快来一起做游戏。

在这里。　　　　　　　　　快来一起做游戏。

1、2、3——指鼻子

游戏材料

✂ 镜子

推荐书目

✎ 《ABC，我爱自己！》（*ABC I Like Me!*），作者：Nancy Carlson

✎ 《眼睛，鼻子，手指和脚趾：第一本关于你的书》（*Eyes, Nose, Fingers, and Toes: A First Book All About You*），作者：Judy Hindley

✎ 《诗歌小手指》（*Ten Little Fingers*），作者：Annie Kubler

✎ 《两只眼睛，一个鼻子，一张嘴》（*Two Eyes, a Nose, and a Mouth*），作者：Roberta Grobel INtrater

学习成果

社会性－情绪发展
★ 自我意识
★ 自我同一性
○ 与成年人的关系

生理发展
○ 大动作技能

认知发展
○ 记忆
○ 数字意识
○ 模仿他人
○ 游戏进程

语言发展
○ 接受性语言
○ 音乐、节奏和韵律

游戏方法

　　和大月龄婴儿或者学步儿面对面坐在一起。借助手指数数："1、2、3"，然后用手指指着幼儿或者你的五官念后文的儿歌。幼儿可以观看镜子中的自己。重复这个活动，不断念这首儿歌，可以促进幼儿的自我意识和自我同一性的发展。把推荐图书读给幼儿听，把新词教给他们，和他们一起唱歌，或者一起念儿歌。

调整适用于两三岁儿童

1—2岁的幼儿可以借助儿歌指认自己身体的各个部位。和幼儿一起做活动，幼儿指哪里，你就指哪里。"1、2、3"可以起到口令的作用，提醒幼儿遵循简单的指令。比如，"1、2、3，跟我做"。

扩展活动

幼儿学着指认自己的身体部位时，比如脸上的五官、膝盖、双脚、脚趾等，和他们一起唱儿歌，唱《变戏法》或者《头、肩膀、膝盖和脚趾》。

语言学习

词汇

▶ 眼睛　　　　▶ 下巴　　　　▶ 耳朵　　　　▶ 头发

▶ 嘴巴　　　　▶ 微笑　　　　▶ 鼻子　　　　▶ 镜子

活动用语

"我数'1、2、3'的时候，看我的手指。和我一起数数。让我们看看你的脸。1、2、3，你的鼻子在哪里？在这里！指一下你的鼻子。指我的鼻子。1、2、3，你的嘴巴在哪里？1、2、3，你的眼睛在哪里？"

歌曲、儿歌和手指游戏

儿歌：《1、2、3——嘿，那是我！》

作者：琼·芭芭拉

1、2、3，指出你的嘴巴。　　　　1、2、3，指出你的耳朵。

1、2、3，指出你的鼻子。　　　　1、2、3，嗨，是我呀！

附加歌词：
用身体的其他部位的名字替换儿歌中的身体部位名称。

47

我们的特别时间

游戏材料

推荐书目

- 《我对你的爱有多深》(*How Do I Love You?*)，作者：Marion Dane Bauer
- 《妈妈的拥抱》(*Mommy Hugs*)，作者：Karen Katz
- 《我会关心别人》(*When I Care About Others*)，作者：Cornelia Maude Spelman
- 《你和我在一起：世界各地的妈妈，爸爸和孩子》(*You and Me Together: Moms, Dads, and Kids Around the World*)，作者：Barbara Kerley

游戏方法

幼儿需要有和照料者单独待在一起的特别时间。如果你照料的幼儿比较多，这么做可能比较困难，但是，给幼儿提供特别时间，是为幼儿提供高品质照料的重要部分。尝试和每一个幼儿单独待一会儿，要专注，不要一心二用。看着幼儿的眼睛，告诉他们对你来讲他们是多么与众不同。找时间和每个幼儿单独安静地坐一会儿。把相关词语教给他们，和他们一起唱歌，念儿歌或者读书。让所有的幼儿知道，为什么对你来讲他们很特别。把推荐图书读给幼儿听，把新词教给他们，和他们一起唱歌，或者一起念儿歌。

学习成果

社会性 – 情绪发展
- ★ 自我意识
- ○ 自我同一性
- ○ 与成年人的关系
- ○ 关心他人

生理发展
- ○ 感知能力

认知发展
- ○ 空间意识
- ○ 经验关联

语言发展
- ★ 沟通需要
- ○ 接受性语言
- ○ 表达性语言
- ○ 把文字和真实世界的知识相关联
- ○ 阅读
- ○ 在游戏中使用语言

调整适用于两三岁儿童

在特别时间，和幼儿聊聊他喜欢做的事情，把他与众不同的地方告诉他。面对着他，告诉他你很开心他是班级的一员。

扩展活动

在教室里设置一块公告板，把你以及其他照料者和幼儿独处互动的照片张贴在上面，让人们看见你们享受特别时间的情景，看见你们一起读书、唱歌、做游戏。

语言学习

词汇

- 特别
- 爱
- 喜欢

- 独特
- 开心
- 友谊

- 漂亮
- 一起

- 感觉
- 摇椅

活动用语

"你是一个非常特别的孩子。我特别喜欢和你在一起。我们一起坐在摇椅上读书吧。我知道你特别喜欢这本书。这本书讲的是农场的故事。"

歌曲、儿歌和手指游戏

歌曲：《微笑的宝宝》
作词：琼·芭芭拉
曲调：《雅克兄弟》

微笑的宝宝，
微笑的宝宝，

你在这里啊，
你在这里啊。

你那么特别，　　　　　　　　　　　　　就是你啊。

你那么特别。　　　　　　　　　　　　　就是你啊。

拍蛋糕

游戏材料

推荐书目

- 《苹果派树》（*The Apple Pie Tree*），作者：Zoe Hall
- 《面包，面包，面包》（*Bread, Bread, Bread*），作者：Ann Morris
- 《好奇的乔治和比萨》（*Curious George and the Pizza*），作者：Margret Rey，H.A.Rey
- 《别摸，烫》（*Don't Touch, It's Hot*），作者：David Algrim
- 《如果你给老鼠一块饼干》（*If You Give a Mouse a Cookie*），作者 Laura Numeroff

游戏方法

可以让大月龄婴儿坐在你的腿上，允许他靠在你的胸前。和他一起念儿歌《拍蛋糕》，帮助幼儿做出拍面、揉面的动作。学步儿可以坐在你的对面，看着你并模仿你的动作。或者可以让他坐在镜子前面念儿歌。把推荐图书读给幼儿听，把新词教给他们，和他们一起唱歌，或者一起念儿歌。

调整适用于两三岁儿童

两岁儿童可以在围坐时间一起背诵这首儿歌，速度可以很快，也可以很慢。让他

学习成果

社会性－情绪发展
★ 自我意识
○ 自我同一性
○ 与成年人的关系

生理发展
○ 大动作技能

认知发展
○ 记忆
○ 模仿他人

语言发展
★ 音乐、节奏和韵律
○ 接受性语言
○ 把文字和真实世界的知识相关联
○ 概念词汇
○ 在游戏中使用语言

们用木勺敲击小碗，轮流打节拍。

扩展活动

在围坐时间，给幼儿看人们做烘焙时的照片，告诉他们烘焙师的工作是什么。鼓励幼儿穿上烘焙师的衣帽，轮流扮演烘焙师。在扮演游戏区放一些厨师帽。

语言学习

词汇

- 快速
- 我
- 头
- 慢速
- 烘焙师
- 揉面
- 拳头
- 帽子
- 拍打面团
- 投掷
- 蛋糕
- 幼儿
- 手

活动用语

"《拍蛋糕》是一首关于烘焙师的儿歌。这是一张烘焙师的照片。他戴着烘焙师的帽子，穿着围裙。烘焙师在拍打面团。拍打面团和打节拍一样。我们把两只手拍在一起。现在，把手握起来，握成一个拳头，在胳膊上绕圈揉。我们一起再背诵一遍《拍蛋糕》。你和我一起拍手吧？"

歌曲、儿歌和手指游戏

儿歌：《拍蛋糕》（传统儿歌）

完美照片

游戏材料

- ✂ 每个幼儿 2~4 张照片
- ✂ 可以封口的塑料袋或者塑封纸
- ✂ 手持小镜子

推荐书目

- ✎《眼睛，鼻子，手指和脚趾：第一本关于你的书》(*Eyes, Nose, Fingers, and Toes: A First Book All About You*)，作者：Judy Hindley
- ✎《很多很多情感》(*Lots of Feelings*)，作者：Shelley Rotner
- ✎《两只眼睛，一个鼻子，一张嘴》(*Two Eyes, a Nose, and a Mouth*)，作者：Roberta Grobel Intrater

游戏方法

0—2 岁的幼儿喜欢看人的脸。把幼儿的两张面部头像背对背放在塑料袋里或者塑封纸中。塑料袋和塑封纸既可以保护照片，又方便幼儿查看。把幼儿自己的照片拿给他们看。把他们的眼睛、鼻子、嘴巴和耳朵指给他们看。鼓励他们指出自己的五官。让他们看镜子中的自己。也让他们看班里其他小朋友的照片。把推荐图书读给幼儿听，把新词教给他们，和他们一起唱歌，或者一起念儿歌。

学习成果

社会性 - 情绪发展
- ★ 自我同一性
- ★ 同伴关系
- ○ 自我意识
- ○ 与成年人的关系
- ○ 同理心
- ○ 关心他人

生理发展
- ○ 精细动作技能

认知发展
- ○ 记忆
- ○ 空间意识
- ○ 模仿他人
- ○ 游戏进程

语言发展
- ○ 接受性语言
- ○ 表达性语言
- ○ 在游戏中使用语言

调整适用于两三岁儿童

把两三岁幼儿的照片铺在地板上，让他们把自己的照片找出来。当他们成功找出自己的照片时，为他们鼓掌，祝贺他们。告诉幼儿是什么让他们很特别。在活动过程中，常常呼唤幼儿的名字。

扩展活动

用数码相机为班里的幼儿拍照。在换尿布的桌子那里张贴幼儿的照片，让幼儿能看见照片中的自己。指出照片中的幼儿，并呼唤他的名字，告诉每个幼儿，你认为他们每个人都很特别。

语言学习

词汇

- 照片
- 微笑
- 头发
- 嘴巴
- 耳朵
- 面孔
- 朋友
- 镜子
- 下巴
- 鼻子
- 眼睛

活动用语

"这是你的照片，帕特里克。这是你的另一张照片。看你笑得多美啊。帕特里克，你是个非常特别的孩子。看见镜子中的你了吗？帕特里克的鼻子在哪里？你能指出来吗？对了！你做对了！"

歌曲、儿歌和手指游戏

歌曲：《镜中的小孩有多可爱？》

作词：金伯利·博安农

曲调：《橱窗里的那只小狗多少钱》（How Much Is That Doggie in the Window？）

镜中的小孩有多可爱？　　　　　　镜中的小孩有多可爱？
　灿烂的微笑在他脸上。　　　　　　他是一个特别的小孩。

50

玩偶

游戏材料

- ✂ 白色袜子
- ✂ 绳子
- ✂ 剪刀
- ✂ 毛毡
- ✂ 胶水
- ✂ 布料
- ✂ 蜡笔
- ✂ 现成的玩偶
- ✂ 记号笔
- ✂ 扣子
- ✂ 绒线球

推荐书目

- ✎《打呼噜的熊》(*Bear Snores on*)，作者：Karma Wilson
- ✎《贝尔熊忙碌的一家》(*Bear's Busy Family*)，作者：Stella Blackstone
- ✎《快点，脏脏的狗》(*Harry the Dirty Dog*)，作者：Gene Zion
- ✎《非常饥饿的毛毛虫》(*The Very Hungry Caterpillar*)，作者：Eric Carle

学习成果

社会性－情绪发展
- ★ 自我意识
- ○ 自我同一性
- ○ 与成年人的关系
- ○ 同伴关系
- ○ 分享

生理发展
- ○ 精细动作技能

认知发展
- ○ 记忆
- ○ 经验关联
- ○ 模仿他人
- ○ 游戏进程
- ○ 遵循简单指令

语言发展
- ★ 接受性语言
- ○ 表达性语言
- ○ 沟通需要
- ○ 阅读
- ○ 在游戏中使用语言

游戏方法

　　所有年龄段的孩子都喜欢玩偶。给幼儿读书或者和他们聊天的时候，可以用玩偶做道具。玩偶可以用来帮助幼儿发展自我意识，通过角色扮演，促进幼儿沟通能力的发展，锻炼他们的互动能力和模仿能力，促进他们想象力的发展。你也可以自己制作玩偶，拿一只白色袜子，用扣子缝上眼睛，或者用记号笔画出眼睛。用绒线球、线绳、毛毡和布料做相应的装饰。借助玩偶帮助阅读或者与幼儿聊天的时候，声音可以夸张有趣。给幼儿用的玩偶要牢固不可破，他们用玩偶玩假装游戏或者演绎故事的时候，要随时留意。把推荐图书读给幼儿听，把新词教给他们，和他们一起唱歌，或者一起念儿歌。

调整适用于两三岁儿童

　　选一个故事读给幼儿听。在网上下载打印一些故事中物品的图片，比如，熊、青蛙或各种昆虫。给图片涂上颜色。用胶水把图片粘在压舌板上，读故事的时候，让幼儿拿着。

扩展活动

　　鼓励幼儿用纸袋子、硬纸板、蜡笔、记号笔、绒线球、线绳、毛毡和布料等自己制作玩偶。让幼儿借助自己制作的玩偶讲述或者复述故事。

语言学习

词汇

- ▶ 玩偶
- ▶ 纸袋子
- ▶ 面孔
- ▶ 线绳
- ▶ 头发
- ▶ 毛毡
- ▶ 布料

活动用语

　　"今天，我们要读一个故事，名字叫《小狗哈利》。这是咱们的玩偶哈利。它要到外面去冒险。我们给哈利打个招呼吧：你好，哈利！"

推过来，拉过去

游戏材料

✂ 各种推拉玩具（比如，玩具卡车、玩具汽车、玩具飞机、球类、玩具婴儿推车或者购物车等）

推荐书目

✎ 《ABC 开动！》（*ABCDrive!*），作者：Naomi Howland

✎ 《挖，挖，使劲儿挖》（*D Dig Digging*），作者：Margaret Mayo

✎ 《我是你的公共汽车》（*I'm Your Bus*），作者：Marilyn Singer

✎ 《理查德·斯卡利：最棒的第一本书！》（*Richard Scarry's Best First Book Ever!*），作者：Richard Scarry

游戏方法

为幼儿提供大小不同的推拉玩具。告诉幼儿玩具的名称，教幼儿认识玩具的组成部分。所选的玩具应该既能在室内玩耍，又可以在室外玩耍。提供一些大型、牢固的拖拉玩具，以便正在学步的幼儿推扶，锻炼自行站立。幼儿很快就能学会推拉，并能衍生出自己的玩法。把推荐图书

学习成果

社会性－情绪发展

★ 自我意识
○ 同伴关系
○ 自我调节
○ 分享

生理发展

★ 大动作技能
★ 精细动作技能

认知发展

○ 因果关系
○ 记忆
○ 空间意识
○ 经验关联
○ 数字意识
○ 游戏进程
○ 遵循简单指令

语言发展

○ 接受性语言
○ 表达性语言
○ 把文字和真实世界的知识相关联
○ 概念词汇
○ 在游戏中使用语言

读给幼儿听，把新词教给他们，和他们一起唱歌，或者一起念儿歌。

调整适用于两三岁儿童

把小型的玩具，比如玩具小汽车、玩具小卡车、球类等，放进篮子里或者小桶里面，方便在游戏区取放玩耍。给幼儿演示如何把这些玩具和辅助玩具相结合，比如，用积木搭建一个斜坡，在斜坡上推拉玩具小汽车、玩具卡车等。

扩展活动

向幼儿演示如何用玩具货车、购物车等带框的玩具装运物品，从一个地方运到另一个地方。这种游戏有助于激发幼儿的想象力，促进幼儿的数字和空间意识的发展。把推荐图书读给他们听，告诉他们开小汽车的人和开卡车的人的工作有什么不同。

语言学习

词汇

▶ 推　　　　▶ 货车　　　　▶ 汽车　　　　▶ 移动
▶ 下面　　　▶ 拉　　　　　▶ 小推车　　　▶ 购物车
▶ 卡车　　　▶ 带着　　　　▶ 越过

活动用语

"看呀，你会走了！你可以推着这个小推车在房间里走来走去。我们可以把什么玩具放进这个小推车里？你可以把这些玩具小汽车装进小推车里，运到积木游戏区吗？"

歌曲、儿歌和手指游戏

歌曲：《推出去，拉过来》
作词：金伯利·博安农
曲调：《深且宽》（Deep and Wide）

推出去，拉过来。
推出去，拉过来。
我们推去又拉来，快呀慢呀都可以。

推出去，拉过来。
推出去，拉过来。

我们推去又拉来，进进出出都可以。

推出去，拉过来。
推出去，拉过来。
我们推去又拉来，前前后后都可以。

读书吧

游戏材料

✂ 各种各样的书
✂ 篮子

推荐书目

✎《实际大小》（*Actual Size*），作者：Steve Jenkins

✎《安妮，碧，齐齐·桃乐丝：上学日字母表》（*Annie, Bea, and Chi Chi Dolores: A School Day Alphabet*），作者：Donna Maurer

✎《棕熊，棕熊，你看见了啥？》（*Brown Bear, Brown Bear, What Do You See?*），作者：Bill Martin Jr.

✎《咔嚓，咔嚓，咔嚓：字母之旅》（*Click, Clack, Quackity-Quack: An Alphabetical Adventure*），作者：Doreen Cronin

✎《最早学到的 100 个词》（*First 100 Words*），作者：Roger Priddy

✎《爱生气的瓢虫》（*The Grouchy ladybug*），作者：Eric Carle

✎《劳拉在图书馆》（*Lola at the Library*），作者：Anna McQuinn 和 Rosalind Beardshaw

✎《阅读和上升》（*Read and Rise*），作者：Sandra L. Pinkney

学习成果

社会性－情绪发展

★ 与成年人的关系
○ 自我意识
○ 自我同一性
○ 同伴关系
○ 自我调节
○ 同理心
○ 关心他人
○ 分享

生理发展

★ 精细动作技能

认知发展

○ 因果关系
○ 记忆
○ 空间意识
○ 经验关联
○ 数字意识
○ 遵循简单指令

语言发展

★ 阅读
○ 接受性语言
○ 表达性语言
○ 沟通需要
○ 把文字和真实世界的知识相关联
○ 概念词汇
○ 音乐、节奏和韵律

✎《理查德·斯卡利：最棒的第一本书！》（*Richard Scarry's Best First Book Ever!*），作者：Richard Scarry

游戏方法

把装着各种各样书的篮子或者小桶放在室内、室外的各个地方。给婴儿和年幼学步儿看的书应该是软软的布书或者书页厚实的书。书的内容应该包括有节奏感的韵文／儿歌、字母、数字以及幼儿熟悉的物品图片等。能够帮助幼儿认识他们的情感，与人友好相处的书也不可或缺。为幼儿读书有助于照料者与幼儿建立关系。阅读过程中，抓住机会询问幼儿与故事相关的问题。听故事可以帮助幼儿发展接受性和表达性语言能力。每周更新一部分书，提高幼儿的阅读兴趣。把他们钟爱的书留在篮子里。把推荐图书读给幼儿听，把新词教给他们，和他们一起唱歌，或者一起念儿歌。

调整适用于两三岁儿童

稍年长的幼儿可以听懂比较复杂的故事。他们喜欢阅读韵律书，以及内容不断重复的故事书，他们可以把故事内容复述给你听，比如，《棕熊，棕熊，你看见了啥？》，幼儿喜欢一遍又一遍重复阅读他们喜欢的图书。

扩展活动

用玩偶或者毛毡玩具增加图书的趣味性。

语言学习

词汇

▸ 图书
▸ 玩偶
▸ 作者

▸ 毛毡
▸ 插画家

▸ 封面
▸ 封底

▸ 书中出现的其他词语

活动用语

"阅读可有趣了！读书可以帮助我们认识世界的很多东西。今天，我们读什么呢？这里有一本关于猫猫狗狗的书。你们谁的家里有猫或者狗呀？我们和玩偶狗狗一起读这本书吧！"

歌曲、儿歌和手指游戏

歌曲：《选本书》
作词：金伯利·博安
曲调：《三只盲鼠》(Three Blind Mice)

快来读书。	读一读小猫、小狗。
快来读书。	大雨、轮船和青蛙。
选本书。	让我们选本书吧。
选本书。	选本书。

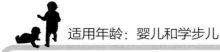
滚啊滚，摇啊摇

游戏材料

推荐书目

✎《ABC，我爱自己！》（*ABC I Like Me!*），作者：Nancy Carlson

✎《我是你的公共汽车》（*I'm Your Bus*），作者：Marilyn Singer

✎《妈妈变变变》（*Mama Zooms*），作者：Jane Cowen-Fletcher

✎《你和我在一起：世界各地的妈妈，爸爸和孩子》（*You and Me Together: Moms, Dads, and Kids Around the World*），作者：Barbara Kerley

游戏方法

学习成果

社会性－情绪发展
○ 自我意识
○ 与成年人的关系

生理发展
★ 大动作技能

认知发展
★ 经验关联
○ 空间意识

语言发展
○ 接受性语言
○ 表达性语言
○ 沟通需要
○ 把文字和真实世界的知识相关联
○ 概念词汇
○ 音乐、节奏和旋律

　　幼儿喜欢被温柔地颠上颠下，摇来晃去。让幼儿横躺在你的大腿上，扶着他的头，轻柔地摇动他，从这边晃到那边。爬行时间也可以做这个游戏，促进幼儿腹部肌肉的发展。和学步儿一起做个这个游戏的时候，可以双腿交替抬起，好像在大步行进一样。这样做会让他们颠来颠去。把推荐图书读给他们听，教给他们新词语，和他们一起唱歌，或者一起念儿歌。

调整适用于两三岁儿童

　　幼儿可以坐在你的大腿上，被你轻柔地颠上颠下。这时，你可以一边颠腿，一边唱《拍蛋糕》等歌曲，让幼儿随着腿的颠动，有节奏地上下起伏。把这些举动描述给幼儿听，让他熟悉相关的概念词汇，比如，上下移动、摇高、摇低等。

扩展活动

把幼儿安坐在你的膝头，一边唱歌，一边舞动你的胳膊，晃动你的腿。读《我是你的公共汽车》，唱《汽车上的轮子》(The Wheels on the Bus)，把动作教给幼儿，让他们模仿你的样子做。

语言学习

词汇

▶ 颠	▶ 下	▶ 后	▶ 前
▶ 上	▶ 轮子	▶ 公共汽车	▶ 滚
▶ 低	▶ 摇	▶ 移	▶ 高
▶ 晃			

活动用语

"我把你从一边摇到另一边，一边摇，一边挠你的背。现在你正慢慢地从上面移动到下面。你能感觉到你正在从上面移动到下面吗？你正被从地上举起来，举得高高的。这样移动我们的身体很有趣。"

歌曲、儿歌和手指游戏

歌曲：《宝宝摇篮曲》(Rock-a-Bye Baby)（传统歌曲）

歌曲：《汽车上的轮子》（传统歌曲）

儿歌：《运动时间》

作词：金伯利·博安农

一上，一下，
一上，一下，
让我们移动身体，
一上一下。

从这边到那边，
从这边到那边，
让我们滚动身体，
从这边到那边。

左一下，右一下，
左一下，右一下，
让我们滚动身体，
左一下，右一下。

前一下，后一下，
前一下，后一下。
让我们摇动身体，
前一下，后一下。

圆滚滚

游戏材料

- ✂ 积木
- ✂ 中等大小的盒子
- ✂ 各种不同大小、不会被幼儿吞下的圆形物体（比如球、堆叠环、水杯、瓶子等。）

推荐书目

- ✐ 《ABC 开动！》（*ABCDrive!*），作者：Naomi Howland
- ✐ 《挖，挖，使劲儿挖》（*Dig Dig Digging*），作者：Margaret Mayo
- ✐ 《奇怪的小灰兔》（*Gray Rabbit's Odd One Out*），作者：Alan Baker
- ✐ 《反义词》（*Opposites*），作者：Sandra Boynton

学习成果

社会性－情绪发展
○ 与成年人的关系
○ 分享

生理发展
★ 大动作技能
○ 感知能力

认知发展
○ 感知能力
○ 精细动作技能

语言发展
○ 接受性语言
○ 表达性语言
○ 把文字和真实世界的知识相关联
○ 概念词汇
○ 在游戏中使用语言

游戏方法

把盒子里面圆形的物体指给幼儿看，并向幼儿描述它们。鼓励幼儿触摸感受这些物体，并在桌子上或地板上滚动这些物体。用积木搭建一个斜坡，让圆形物体从斜坡上滚下。把推荐图书读给幼儿听，把新词教给他们，和他们一起唱歌，或者一起念儿歌。

调整适用于两三岁儿童

鼓励幼儿在房间里寻找各种圆形的物体，并按从小到大的顺序排列这些物体。到室外散步，把所有沿途看见的圆形物体指给幼儿看，比如门环、轮胎、花坛、垃圾桶等。把推荐的书读给他们听。

扩展活动

鼓励幼儿用纸、蜡笔、记号笔等把圆形物体的圆形描下来。年龄稍大的幼儿可以尝试用粉笔在人行道上画圆。

语言学习

词汇

- 圆圈
- 环
- 圆

- 滚动
- 瓶口
- 粉笔

- 弹跳
- 小的

- 球
- 大的

活动用语

"我们仔细看一下那些圆形的玩具。看它们滚动，弹跳。外面有些什么东西是圆形的呢？我们去看看吧！"

歌曲、儿歌和手指游戏

儿歌：《滚起来》
作词：金伯利·博安农

滚啊滚，
滚啊滚，
把它滚给我，
看你能滚得有多快！

55

舞动的围巾

游戏材料

- ✀ 有盖子的鞋盒子或者木盒子
- ✀ 硬板纸
- ✀ 包装纸
- ✀ 剪刀
- ✀ 胶水
- ✀ 各种颜色、质地、图案的围巾，或者大块的布料

推荐书目

- ✐ 《谷仓舞！》（*Barnyard Dance!*），作者：Sandra Boynton
- ✐ 《长颈鹿不跳舞》（*Giraffes Can't Dance*），作者：Giles Andreae
- ✐ 《母鸡萝丝去散步》（*Rosie's Walk*），作者：Pat Hutchins

游戏方法

在盒子的顶部剪一个可以把围巾塞进盒子的洞。用硬板纸或者包装纸把盒子包起来，把围巾放进盒子。慢慢地，一条一条地把围巾抽出来。帮助幼儿认识每一条围巾的颜色、质地、图案。让幼儿轮流感受不同的质地。每个幼儿都可以把围巾围在头上，绕在胳膊上、

学习成果

社会性 - 情绪发展
- ○ 自我意识
- ○ 与成年人的关系
- ○ 同伴关系
- ○ 分享

生理发展
- ★ 大动作技能
- ○ 感知能力
- ○ 精细动作技能

认知发展
- ★ 游戏进程
- ○ 记忆
- ○ 空间意识
- ○ 经验关联
- ○ 模仿他人

语言发展
- ○ 接受性语言
- ○ 表达性语言
- ○ 概念词汇
- ○ 音乐、节奏和韵律
- ○ 在游戏中使用语言

腿上或者披在身上。也可以用大块的布料代替围巾。幼儿做这些活动的时候，你可以抱着他们。把推荐图书读给幼儿听，把新词教给他们，和他们一起唱歌，或者一起念儿歌。

调整适用于两三岁儿童

两岁儿童可以轮流把围巾从盒子里抽出来。幼儿也可以在小组时间玩抽围巾游戏，把概念词汇教给他们，比如下面、绕过、围着、穿过等。他们也可以拿着围巾跳舞，或者四处走动，可以配上合适的音乐。

扩展活动

稍大的幼儿可以猜一猜下一个被抽出来的围巾是什么样的。问他们关于围巾的图案、颜色和质地的问题。扮演游戏区也可以放置围巾。

语言学习

词汇

- ▶ 围巾
- ▶ 设计
- ▶ 上去
- ▶ 平滑
- ▶ 下面
- ▶ 下去
- ▶ 丝滑
- ▶ 越过
- ▶ 颜色词
- ▶ 闪亮
- ▶ 绕过
- ▶ 图案
- ▶ 通过

活动用语

"看看这些围巾。摸起来有什么感觉？是不是很平滑，闪亮亮的？你看它是什么颜色？什么图案？如果我把围巾抛向空中，会发生什么？下一个被抽出来的围巾会是什么样的呢？"

歌曲、儿歌和手指游戏

儿歌:《围巾用来做什么？》

作词：金伯利·博安农

闪亮，光滑，色彩斑斓。　　　　　把它摇一摇，抛向空中，
围巾围巾特能干！　　　　　　　看它漂浮，降落在草尖。
摇一摇，晃一晃，　　　　　　闪亮，光滑，色彩斑斓。
让你的围巾绕圈转，　　　　你看围巾真是很能干！
把它抛高，再滑向地面。

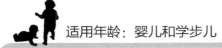
触摸不同物体

游戏材料

- ✀ 结实的小盒子或鞋盒
- ✀ 质地不同的各种物体（比如砂纸、塑料绳、双面胶、人造皮毛、毛毡、泡泡包装纸）
- ✀ 剪刀
- ✀ 绝缘胶带
- ✀ 记号笔
- ✀ 包装纸
- ✀ 胶棒

推荐书目

- ✎《别摸，烫》(*Don't Touch, It's Hot*)，作者：David Algrim
- ✎《最早学到的 100 个词》(*First 100 Words*)，作者：Roger Priddy
- ✎《我的五种感官》(*My Five Senses*)，作者：Margaret Miller
- ✎《我的朋友在哪里？》(*Where Is My Friend?*)，作者：Simms Taback

游戏方法

把所有材料放在一张桌子上。让幼儿触摸材料，对他们解释各种材料的不同质

学习成果

社会性 - 情绪发展
- ★ 分享
- ○ 自我意识
- ○ 与成年人的关系
- ○ 同伴关系

生理发展
- ★ 感知能力
- ○ 大动作技能

认知发展
- ○ 因果关系
- ○ 记忆
- ○ 空间意识
- ○ 经验关联
- ○ 模仿他人
- ○ 游戏进程
- ○ 遵循简单指令

语言发展
- ○ 接受性语言
- ○ 表达性语言
- ○ 把文字和真实世界的知识相关联
- ○ 概念词汇
- ○ 在游戏中使用语言

地，让他们亲身感受一下。帮助幼儿学习材料的名称。在盒子的顶部开一个洞，让幼儿的手能够伸进去。把洞口的边缘用绝缘胶带粘上。用胶棒把不同质地的材料排成一排，黏贴在盒子里面。用包装纸把盒子外面包起来。在盒子外面用记号笔写上"感觉箱"。让幼儿轮流触摸盒子内部，问他们摸到了什么质地的物体，喜欢的是什么，不喜欢的是什么。把推荐图书读给幼儿听，把新词教给他们，和他们一起唱歌，或者一起念儿歌。

调整适用于两三岁儿童

用手电从盒子的洞口照进去。让幼儿透过洞口看看盒子的里面，请他们说一下看见了什么。

扩展活动

到户外去散步，收集一些可以放进"感觉箱"用来感触的物品。

语言学习

词汇

- 盒子
- 顶部
- 底部
- 洞口
- 触摸
- 感受
- 光滑
- 质地
- 砂纸
- 粗糙
- 柔软
- 黏黏的
- 皮毛
- 手
- 手指

活动用语

"我们要做一个'感觉箱'。这里有一些质地不同的东西让你们触摸感受。这是一块砂纸，它摸起来很粗糙。它和皮毛摸起来有什么不同？哪一个质地摸起来黏黏的？"

歌曲、儿歌和手指游戏

歌曲：《盒子里的东西》

作词：琼·芭芭拉

曲调：《汽车上的轮子》（The Wheels on the Bus）

盒子里的东西　　　　　　　　盒子里的东西

粗糙又平滑，　　　　　　　　粗糙又平滑。

粗糙又平滑，　　　　　　　　我们来看看吧。

粗糙又平滑。

（用其他质地替换，重复歌曲）

57

它在哪里

游戏材料

- ✂ 最多三个中小型不透明储存容器
- ✂ 能够放在容器下面的玩具或物体

推荐书目

- ✎《虫子！虫子！虫子！》（*Bugs! Bugs! Bugs!*），作者：Bob Barner
- ✎《小兔子的第一本农场书》（*Little Rabbit's First Farm Book*），作者：Alan Baker
- ✎《在沙滩上》（*On the Seashore*），作者：Anna Milborne
- ✎《深蓝大海之下》（*Way Down Deep in the Deep Blue Sea*），作者：Jan Peck

游戏方法

把玩具或物品拿给幼儿看，然后把这个玩具或物品放在容器下面。拿起容器，发现下面的玩具或物品，表现出惊讶的样子。说出它的名称。重复这个游戏，鼓励幼儿拿起容器，找到玩具。拿起第二个容器，把两个容器下的玩具交换。继续游戏。把推荐图书读给幼儿听，把新词教给他们，和他们一起唱歌，或者一起念儿歌。

学习成果

社会性 – 情绪发展
- ○ 自我意识
- ○ 与成年人的关系
- ○ 自我调节

生理发展
- ○ 精细动作技能

认知发展
- ★ 记忆
- ★ 空间意识
- ○ 因果关系
- ○ 经验关联
- ○ 数字意识
- ○ 模仿他人
- ○ 游戏进程

语言发展
- ○ 接受性语言

调整适用于两三岁儿童

孩子们可以把玩具藏起来，让你找。他们很乐于使些小花招。

扩展活动

对大一些的孩子，你可以使用三种大小不等的容器，以及一两个玩具。鼓励幼儿一起玩耍。

语言学习

词汇

- ▶ 盒子
- ▶ 找到
- ▶ 拿起
- ▶ 隐藏
- ▶ 小的
- ▶ 下面
- ▶ 大的
- ▶ 看见

活动用语

"我会把这个贝壳放在盆下面。贝壳哪儿去了？我们把这个盆拿起来，看看会发生什么。看见贝壳了吗？我们要不要把它再放到盆下面？你来试试。这里还有一个容器。贝壳在哪个容器下面呢？"

歌曲、儿歌和手指游戏

歌曲：《在哪里？》
作词：金伯利·博安农
曲调：《雅克兄弟》

让我们记住，
让我们记住，
它的位置，
它的位置，

它在这个下面吗？
它在这个下面吗？
在哪里？
在哪里？

（加入更多盒子，歌词稍改，继续唱。）

让我们记住，　　　　　　　　它在这个下面吗？

让我们记住，　　　　　　　　它在那个下面吗？

它的位置，　　　　　　　　　在哪里？

它的位置，　　　　　　　　　在哪里？

坐好

游戏材料

推荐书目

✎《眼睛，鼻子，手指和脚趾：第一本关于你的书》（*Eyes, Nose, Fingers, and Toes: A First Book All About You*），作者：Judy Hindley

✎《我的手在这里》（*Here Are My Hands*），作者：Bill Martin Jr.，John Archambault

✎《妈妈变变变》（*Mama Zooms*），作者：Jane Cowen-Fletcher

✎《两只眼睛，一个鼻子，一张嘴》（*Two Eyes, a Nose, and a Mouth*），作者：Roberta Grobel Intrater

学习成果

社会性－情绪发展
★ 与成年人的关系
○ 自我意识

生理发展
★ 大动作技能

认知发展
○ 记忆
○ 经验关联
○ 数字意识
○ 游戏进程

语言发展
○ 接受性语言
○ 概念词汇
○ 音乐、节奏和韵律

游戏方法

　　只要幼儿能把头安全地支撑住，就可以玩这个游戏。让婴儿或学步儿平躺在柔软的地毯或枕头上。握住幼儿的手及手腕，一边数数："1、2、3，坐起来！"一边将他轻柔地拉起来。幼儿非常喜欢这个游戏，把他们拉起来的时候，他们常常会"咯咯"笑个不停。把推荐图书读给幼儿听，把新词教给他们，和他们一起唱歌，或者一起念儿歌。

调整适用于两三岁儿童

为幼儿提供一些合适的家具和玩具，让他们能够从下面爬过去，从上面爬过去。提供一些可以推拉的玩具，帮助他们学习走路。

扩展活动

提供一些低矮的家具，以便幼儿扶着站起来。用手帮助爬行的幼儿站立起来，他们练习行走的时候，抓住他们的手，给予帮助。

语言学习

词汇

- ▶ 坐起
- ▶ 爬行
- ▶ 奔跑
- ▶ 攀爬
- ▶ 手
- ▶ 向上
- ▶ 行走
- ▶ 抓住

活动用语

"我们来练习坐起来。我抓住你的手数到 3。起来！"

歌曲、儿歌和手指游戏

歌曲：《身体坐直》
作词：金伯利·博安农
曲调：《雅克兄弟》

身体坐直，
身体坐直，
看着我，
看着我！
我坐着身体笔直，

我坐着身体笔直，
看着我！
看着我！

爬呀，爬呀，
爬呀，爬呀，

我来了，
我来了！
我正忙着爬行，

我正忙着爬行，
看我爬！
看我爬！

歌曲：《推出去，拉过来》
作词：金伯利·博安农
曲调：《深且宽》

推出去，拉过来。
推出去，拉过来。
我们推去又拉来，快呀慢呀都可以。

推出去，拉过来。
推出去，拉过来。

我们推去又拉来，进进出出都可以。

推出去，拉过来。
推出去，拉过来。
我们推去又拉来，前前后后都可以。

59

垒起和倒塌

游戏材料

✂ 柔软、可堆叠的积木

推荐书目

✎《从 A 到 Z》(*A to Z*)，作者：Sandra Boynton
✎《反义词》(*Opposites*)，作者：Sandra Boynton
✎《理查德·斯卡利：最棒的第一本书！》
  (*Richard Scarry's Best First Book Ever!*)，作者：
  Richard Scarry
✎《理查德·斯卡利：人们一天到晚做什么？》
  (*Richard Scarry's Who Do People Do All Day?*)，
  作者：Richard Scarry

游戏方法

　　在一个平整的平面上，向幼儿演示如何堆叠软积木。游戏开始的时候，你先堆叠几块积木，帮助幼儿在你堆叠的基础上继续堆叠积木。搭建出两三层的时候，发表一下你对你们共同搭建的积木塔的感想。幼儿把积木塔推倒的时候，做出夸张的反应。邀请幼儿自己搭建一个积木塔，并把它推倒。重复游戏。如果他们不小心把别人的积木塔推倒了，告诉他们要说"对不起"，并且帮助别人重

学习成果

社会性－情绪发展
★ 自我调节
○ 自我意识
○ 与成年人的关系
○ 同伴关系
○ 关心他人
○ 分享

生理发展
○ 感知能力
○ 大动作技能
○ 精细动作技能

认知发展
★ 模仿他人
○ 因果关系
○ 记忆
○ 空间意识
○ 游戏进程

语言发展
○ 接受性语言
○ 表达性语言
○ 沟通需要
○ 概念词汇
○ 在游戏中使用语言

建积木塔。把推荐图书读给幼儿听，把新词教给他们，和他们一起唱歌，或者一起念儿歌。

调整适用于两三岁儿童

让年龄稍大的幼儿合作搭建积木塔，一人垒一块，轮流搭建。年龄大的幼儿可以用硬积木块。

扩展活动

和幼儿一起数搭建的积木块。邀请幼儿分组做活动，组与组之间比赛，看哪个组搭建的积木塔最高。

语言学习

词汇

- 柔软
- 积木
- 小的
- 高大
- 倒塌
- 数数
- 搭建
- 低
- 上面
- 下面
- 高
- 矮小
- 大的

活动用语

"你来帮助我搭建一个积木塔吗？你认为我们能搭建多高的积木塔呢？和我一起数一数这些积木块：1、2、3。你认为咱们的积木塔会倒吗？哎呀——倒了！"

歌曲、儿歌和手指游戏

儿歌：《我要搭个积木塔》

作词：金伯利·博安农

我要搭个积木塔，
它又高，它又大。
我要把它推倒啦，
看呀，看呀，倒下啦。

我要再搭个积木塔，
要多高有多高，
我们一起搭建吧，
你和我，一起搭！

60

跳出箱子

游戏材料

✂ 中大型木制运输箱子

推荐书目

✎ 《大大的世界，小小的我》（*Big Earth Little Me*），作者：Thom Wiley

✎ 《噼里啪啦，嘭嘭》（*Chicka Chicka Boom Boom*），作者：Bill Marting Jr.，John Archambault

✎ 《清扫带来的惊喜》（*The Cleanup Surprise*），作者：Christine Loomis

✎ 《不是盒子》（*Not a Box*），作者：Antoinette Portis

✎ 《太多玩具》（*Too Many Toys*），作者：David Shannon

游戏方法

选一个木箱子给幼儿使用。年龄稍大的婴儿以及年龄较小的学步儿比较适合用中等大小的箱子。年龄较大的学步儿更适合用大箱子。婴儿喜欢坐箱子里面，而且喜欢用嘴巴在箱子上到处啃。在箱子里放一些柔软的玩具以及一些书，供幼儿取用。随着年龄渐长，幼儿会喜欢从箱子里爬出来，再爬进去。把箱子的底部拆下来，让箱子侧躺在地上，幼儿可以练习从箱子

学习成果

社会性－情绪发展

○ 自我意识
○ 自我同一性
○ 与成年人的关系
○ 分享

生理发展

○ 大动作技能
○ 精细动作技能

认知发展

★ 游戏进程
○ 因果关系
○ 记忆
○ 空间意识
○ 经验关联
○ 模仿他人

语言发展

★ 在游戏中使用语言
○ 接受性语言
○ 表达性语言
○ 概念词汇
○ 阅读

里穿过去，玩躲猫猫游戏。幼儿在箱子里玩耍的时候，一定要在旁边用心照料，避免幼儿被卡住。帮助他们轮流玩耍。把推荐图书读给幼儿听，把新词教给他们，和他们一起唱歌，或者一起念儿歌。

调整适用于两三岁儿童

在大纸箱上面挖一个洞，供幼儿做躲猫猫游戏。在箱子里放一些幼儿喜欢的图书和物品。向幼儿演示如何用记号笔装饰箱子的内侧。

扩展活动

有些图书讲的是如何将箱子变成卡车、火车或者小船。把这样的图书读给幼儿听，可以帮助幼儿发展想象力。用绝缘胶带把两三个打开的大箱子连在一起，成为一条隧道，供幼儿在里面尽情探索。

语言学习

词汇

- 箱子
- 想象力
- 出去
- 记号笔
- 纸箱子
- 探索
- 里面
- 装饰
- 棕色的
- 爬行
- 外面
- 打开
- 游戏
- 进去
- 墙壁
- 关上

活动用语

"今天，我们要研究一下纸箱。我会把纸箱打开，你可以爬进去，再爬出来。瞧瞧你，坐在里面了！你要拿些玩具在里面玩吗？"

打节拍

游戏材料

- ✂ 乐器
- ✂ 咚咚鼓
- ✂ 节奏棒
- ✂ 铃鼓
- ✂ 砂槌
- ✂ 其他节律乐器

推荐书目

- ✎ 《我的手在这里》（*Here Are My Hands*），作者：Bill Martin Jr.，John Archambault
- ✎ 《小老鼠上学第一天》（*Mouse's First Day of School*），作者：Lauren Thomson
- ✎ 《铮！铮！铮！小提琴》（*Zin! Zin! Zin! A Violin*），作者：Lloyd Moss

游戏方法

让幼儿选择一个乐器。乐器可以是自制的也可以是买来的。播放一首旋律和节奏比较慢的歌曲，向幼儿演示你怎么用乐器跟上歌曲的节拍。重复播放这首歌曲，邀请幼儿和你一起使用乐器跟上歌曲的旋律和节拍。不要担心他们跟不上拍子，他们会很喜欢演奏手中的乐器，给乐曲伴

学习成果

社会性 – 情绪发展
- ★ 分享
- ○ 自我意识
- ○ 与成年人的关系
- ○ 同伴关系
- ○ 自我调节

生理发展
- ○ 感知能力
- ○ 精细动作技能

认知发展
- ○ 因果关系
- ○ 记忆
- ○ 空间意识
- ○ 经验关联
- ○ 模仿他人
- ○ 游戏进程

语言发展
- ★ 音乐、节奏和韵律
- ○ 接受性语言
- ○ 表达性语言
- ○ 把文字和真实世界的知识相关联
- ○ 概念词汇

奏。你可以把婴幼儿抱在腿上，握着他们的手，帮助他们随着音乐摇动或拍打他们的乐器。把推荐图书读给幼儿听，把新词教给他们，和他们一起唱歌，或者一起念儿歌。

调整适用于两三岁儿童

在小组活动或围坐时间，让幼儿轮流演奏乐器，逐一把乐器传递给身边的人。

扩展活动

让幼儿自己做一些乐器，比如咚咚鼓、沙槌或者铃鼓等。参见活动 98（咚咚鼓）。

语言学习

词汇

▸ 敲打　　▸ 沙槌　　▸ 鼓　　▸ 节拍
▸ 摇动　　▸ 韵律　　▸ 铃鼓

活动用语

"音乐有节拍。我给这首歌打拍子的时候，仔细听。拍打或者摇动你的乐器，和我一起打拍子。我们各自的乐器听起来有什么不同呢？"

歌曲、儿歌和手指游戏

儿歌：《行进令》
作词：金伯利·博安农

跟上节奏，
跟上节奏，
四处行进，
迈动脚步。

跟上节奏，
跟上节奏，
打起小鼓，
迈起脚步。

62

光

游戏材料

✂ 白炽灯

推荐书目

✎《阿罗有支紫色蜡笔》（*Harold and the Purple Crayon*），作者：Crockett Johnson

✎《孤独的萤火虫》（*The Very Lonely Firefly*），作者：Eric Carle

✎《今天的天气怎么样？》（*What Will the Weather Be Like Today?*），作者：Paul Rogers

游戏方法

向幼儿演示怎么把灯打开、关上，用一盏白炽灯做演示。把教室里的其他灯指给幼儿看。告诉幼儿太阳怎么给教室带来光亮，向他们解释当天色暗下来的时候，需要灯的光来帮助我们看东西。如果人们要睡觉，一般会把灯关上，或者把灯光变暗。把推荐图书读给幼儿听，把新词教给他们，和他们一起唱歌，或者一起念儿歌。

调整适用于两三岁儿童

还有一些东西可以照亮黑暗，让我们能看见，

学习成果

社会性－情绪发展
○ 自我意识
○ 与成年人的关系
○ 同伴关系
○ 分享

生理发展
○ 感知能力
○ 大动作技能

认知发展
★ 因果关系
★ 模仿他人
○ 记忆
○ 空间意识
○ 经验关联
○ 游戏进程
○ 遵循简单指令

语言发展
○ 接受性语言
○ 表达性语言
○ 把文字和真实世界的知识相关联
○ 概念词汇
○ 阅读
○ 在游戏中使用语言

比如手电、蜡烛等。把这些东西拿给幼儿看。到户外走一走，把户外能够照亮黑暗的东西指给幼儿看。

扩展活动

把手电拿给幼儿看，让他们看看如何打开手电，如何将手电关上。把手电光投照在地板上，让幼儿用眼睛追随灯光移动。然后，让他们站在光点上。移动手电的光点，让幼儿追随光点移动。把手电照向房顶，观察幼儿的表情。问他们："光去哪里了？"继续把手电照到房间另外的地方。告诉幼儿一定不要用手电直射他人的眼睛。

语言学习

词汇

- 灯光
- 黑暗
- 开灯
- 关灯
- 昏暗
- 灯
- 灯泡
- 看见
- 哪个
- 手电
- 里面
- 外面
- 灯笼
- 街灯

活动用语

"光使我们能看见。太阳给我们光，台灯和手电给我们光。我们看看房间外面，能发现什么灯？看见门口的灯了吗？我把它关上，看看会发生什么？"

歌曲、儿歌和手指游戏

歌曲：《开灯关灯》
作词：金伯利·博安农
曲调：《深且宽》

打开，关上，   打开，关上，

按动开关。
打开，关上，
打开，关上。

打开，关上，
按动手电。
打开，关上，

打开，关上。

打开，关上，
打开灯泡。
打开，关上，
打开，关上。

歌曲：《你是我的阳光》（传统歌曲）

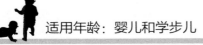
转啊转

游戏材料

✂ 有快慢节奏的乐器

推荐书目

✎ 《谷仓舞！》（*Barnyard Dance!*），作者：Sandra Boynton

✎ 《舞动的脚！》（*Dancing Feet!*），作者：Lindsey Craig

✎ 《长颈鹿不跳舞》（*Giraffes Can't Dance*），作者：Giles Andreae

✎ 《疯狂的河马！》（*Hippos Go Berserk!*），作者：Sandra Boynton

游戏方法

　　向幼儿解释并演示如何旋转和扭动身体。对年龄小的幼儿，你可以拉着幼儿的手帮助他们体验和尝试旋转。他们能自己旋转的时候，打开音乐，让他们随着音乐尽情扭动和旋转。调整音乐节奏和节拍的快慢，让他们随着音乐的节奏旋转。要确保幼儿与幼儿之间有足够的空间，以免他们旋转扭动的时候撞到或踩到别人。练习旋转的时候，你可以抱着他们一起旋转。把你们正在做的事情描述给幼儿听。把推荐图书读给幼儿听，把新

学习成果

社会性－情绪发展

○ 自我意识
○ 与成年人的关系
○ 同伴关系
○ 自我调节
○ 分享

生理发展

★ 大动作技能

认知发展

★ 模仿他人
○ 因果关系
○ 空间意识
○ 经验关联
○ 游戏进程
○ 遵循简单指令

语言发展

○ 接受性语言
○ 表达性语言
○ 沟通需要
○ 把文字和真实世界的知识相关联
○ 概念词汇
○ 音乐、节奏和韵律

词教给他们，和他们一起唱歌，或者一起念儿歌。

调整适用于两三岁儿童
让年龄稍大的幼儿自己挑选喜欢的歌曲，让他们猜一猜歌曲节奏的快慢。

扩展活动
在围坐时间，请一个幼儿自行邀请舞伴，跳舞给其他幼儿看，观看的幼儿随着音乐为他们打节拍。让每一个幼儿都得到这样的机会。

语言学习

词汇

- ► 扭动
- ► 旋转
- ► 打开
- ► 节拍
- ► 鼓掌
- ► 音乐
- ► 快的
- ► 慢的
- ► 碰撞
- ► 邻居
- ► 里面
- ► 外面

活动用语
"扭动和旋转很好玩。你们看我随着音乐扭动。我要打开一首快节奏的音乐，我们随着这个音乐扭动吧。小心，不要撞到旁边的小朋友。和我一起随着音乐旋转扭动吧！"

歌曲、儿歌和手指游戏
儿歌：《转啊转》
作词：金伯利·博安农

让你的身体动一动，　　　　　　　旋转，扭动，
　随着音乐动一动，　　　　　　　旋转，扭动。

让你的身体快速转，
让你的身体慢慢动，
旋转，扭动，
旋转，扭动。

向左转，
向右转，

旋转，扭动，
旋转，扭动。
让你的身体动一动，
随着音乐动一动，
旋转，扭动，
旋转，扭动。

64

我们在一起

游戏材料

✂ 不同种类的成双成对或者配套的物品（比如袜子、鞋子、手套和帽子、一套量勺，以及桶和铲子等）

推荐书目

✎ 《在沙滩上》（*On the Seashore*），作者：Anna Milborne

✎ 《理查德·斯卡利：最棒的第一本书！》（*Richard Scarry's Best First Book Ever!*），作者：Richard Scarry

✎ 《理查德·斯卡利：人们一天到晚做什么？》（*Richard Scarry's Who Do People Do All Day?*），作者：Richard Scarry

✎ 《母鸡萝丝去散步》（*Rosie's Walk*），作者：Pat Hutchins

✎ 《袜子是装脚趾头的口袋：袖珍书》（*A Sock Is a Pocket for Your Toes: A Pocket Book*），作者：Elizabeth Garton Scanlon

✎ 《有些东西连在一起》（*Some Things Go Together*），作者：Charlotte Zolotow

学习成果

社会性－情绪发展
○ 自我意识
○ 与成年人的关系
○ 同伴关系
○ 分享

生理发展
○ 感知能力
○ 精细动作技能

认知发展
○ 记忆
○ 空间意识
○ 经验关联
○ 数字意识
○ 模仿他人

语言发展
★ 接受性语言
★ 表达性语言
○ 把文字和真实世界的知识相关联
○ 概念词汇

游戏方法

把一些成双成对或者配套的物品拿给幼儿看，告诉他们和这些物品成双成对或配套的物品是什么，为什么它们是成双成对或配套的。读书的时候也把这样的物品指给幼儿看。幼儿玩耍的时候，把身边的这样的物品指给他们看，比如颜料和画笔、拼图块和拼图板、车轮和汽车。把推荐图书读给幼儿听，把新词教给他们，和他们一起唱歌，或者一起念儿歌。

调整适用于两三岁儿童

收集一些物品，帮助幼儿把配套的物品选出来。告诉他们配套的物品不止两件，比如，和船配套的有鱼竿、水桶和鱼。

扩展活动

给幼儿读书之前，问幼儿什么东西有可能和故事相关或者配套。比如，读《在沙滩上》的时候，幼儿可能会说出贝壳、沙滩、水和鸟。

语言学习

词汇

- 一起
- 配套
- 相同
- 相像
- 不同

活动用语

"我把一些东西放在地毯上，让我们看看哪些是配套的。和帽子配套的是什么？对了！手套和帽子是配套的。天气寒冷的时候，我们外出会戴上帽子和手套。和鞋子配套的是什么呢？和鞋子一起穿的是什么？袜子！没错，就是袜子。鞋子和袜子是配套的。"

歌曲、儿歌和手指游戏

歌曲:《谁和谁配套》

作词:金伯利·博安农

曲调:《大家在一起》

我们一起找找看,
　　谁和谁配套。
我们一起找找看,
　　谁和谁配套。

这个和那个,
是否配套啊?
这个和那个
正好配一起。

小船漂荡

游戏材料

- ✂ 塑料盆
- ✂ 水
- ✂ 可以在水中沉浮的物体（比如软木塞、羽毛、石头、橡皮鸭子、多米诺骨牌、铅笔、一根稻草或毛线）
- ✂ 疙疙瘩瘩的塑料球或感觉球

推荐书目

- ✎《泡泡，泡泡》（*Bubbles, Bubbles*），作者：Kathi Appelt
- ✎《最早学到的 100 个词》（*First 100 Words*），作者：Roger Priddy
- ✎《我的五种感官》（*My Five Senses*），作者：Aliki
- ✎《我的五种感官》（*My Five Senses*），作者：Margaret Miller
- ✎《在沙滩上》（*On the Seashore*），作者：Anna Milborne
- ✎《反义词》（*Opposites*），作者：Sandra Boynton

学习成果

社会性－情绪发展
- ○ 自我同一性
- ○ 与成年人的关系
- ○ 同伴关系
- ○ 分享

生理发展
- ○ 感知能力
- ○ 大动作技能
- ○ 精细动作技能

认知发展
- ○ 因果关系
- ○ 记忆
- ○ 空间意识
- ○ 经验关联
- ○ 模仿他人
- ○ 游戏进程
- ○ 遵循简单指令

语言发展
- ★ 把文字和真实世界的知识相关联
- ★ 概念词汇
- ○ 接受性语言
- ○ 表达性语言
- ○ 阅读
- ○ 音乐、节奏和韵律

游戏方法

注意：这个活动是为大月龄婴儿以及学步儿设计的。永远不要把幼儿一个人丢在水边或水中。

首先，让大月龄婴儿和学步儿先玩一会儿上面列举的物品。然后，在水盆中注入5~10厘米深的水，放 3~5 个可以在水中的沉浮玩具。可以先描述漂在水面上的物体，再描述沉在水底的物体。描述的时候，注意使用概念词汇。把推荐图书读给幼儿听，把新词教给他们，和他们一起唱歌，或者一起念儿歌。

调整适用于两三岁儿童

鼓励年龄稍大的幼儿在房间里寻找新的玩具或物品，测试它们是否可以在水上漂浮。2~3 个幼儿可以轮流把物品放进水里，测试物体的沉浮性。

扩展活动

请幼儿预测一下物品是否可以漂浮。在水中放一只可以漂浮的小船。让幼儿轮流把硬币放进小船，看小船下沉前能承载多少枚硬币。

语言学习

词汇

- 轻的
- 重的
- 漂浮
- 沉没
- 湿滑
- 湿的
- 泼洒
- 石头
- 羽毛
- 软木塞
- 多米诺骨牌
- 稻草
- 毛线
- 快的
- 慢的

活动用语

"有些东西比较轻，有些比较重。我们把不同的物品放进水盆，看看会发生什么。如果把软木塞放进水盆，它会漂浮在水面，还是会下沉？把多米诺骨牌放进水里，它会漂浮在水面，还是会沉没？我们可以把多个物品一起放进水盆里，你认为会发生什么呢？"

歌曲、儿歌和手指游戏

儿歌：《下沉或漂浮》
作词：金伯利·博安农
曲调：《深且宽》

飘起来，沉下去，
飘起来，沉下去。
看看玩具飘起来，
　还是沉下去。

飘起来，沉下去，
飘起来，沉下去。
看看玩具飘起来，
　还是沉下去。

儿歌：《放水里》
作词：金伯利·博安农

放水里，放水里，
我们把玩具放水里，
　看它漂在水面，
　还是沉到水底。
放水里，放水里，
我们把玩具放水里，
　看它漂在水面，
　还是沉到水底。

66

字母汤

游戏材料

- ✂ 1.5 升少盐鸡汤或蔬菜汤
- ✂ 两袋 250 克装的字母意大利面或其他小颗粒意大利面
- ✂ 烤盘
- ✂ 一袋冷冻混合蔬菜
- ✂ 盐
- ✂ 胡椒
- ✂ 深口平底锅
- ✂ 电炉或燃气灶
- ✂ 大木勺或铁勺
- ✂ 小碗
- ✂ 汤勺

推荐书目

- ✎《ABC 开动！》(*ABCDrive!*)，作者：Naomi Howland
- ✎《噼里啪啦，嘭嘭》(*Chicka Chicka Boom Boom*)，作者：Bill Marting Jr.，John Archambault
- ✎《蔬菜汤》(*Growing Vegetable Soup*)，作者：Lois Ehlert

学习成果

社会性－情绪发展
- ○ 自我意识
- ○ 与成年人的关系
- ○ 同伴关系
- ○ 分享

生理发展
- ○ 感知能力
- ○ 精细动作技能

认知发展
- ★ 遵循简单指令
- ○ 因果关系
- ○ 记忆
- ○ 空间意识
- ○ 经验关联
- ○ 数字意识
- ○ 模仿他人
- ○ 游戏进程

语言发展
- ★ 在游戏中使用语言
- ○ 接受性语言
- ○ 表达性语言
- ○ 把文字和真实世界的知识相关联
- ○ 概念词汇
- ○ 阅读

游戏方法

把尚未烹煮的意大利面倒在烤盘上，让幼儿把玩并仔细观察。向幼儿描述字母的形状。用这些字母意大利面拼成简单的单词，包括幼儿的名字。在围坐时间，把图书《蔬菜汤》读给幼儿听。让幼儿看着你把所有的原材料都放进汤锅，制作字母意大利面汤。把锅放到炉灶上加热前，让幼儿轮流搅动一下汤锅。用中火煮汤，盛给幼儿喝。把推荐图书读给幼儿听，把新词教给他们，和他们一起唱歌，或者一起念儿歌。

调整适用于两三岁儿童

把冰冻的或新鲜的蔬菜拿给幼儿看，给他们时间，触摸、闻、品尝一下这些蔬菜。请他们帮助你把蔬菜放进汤锅。中火烹煮。把做好的意大利面汤盛出来，分给幼儿吃。

扩展活动

给每一个幼儿一张硬纸板，用黑色记号笔在硬纸板上画一个圆圈当作锅，用彩色卡纸剪出不同的字母放在汤锅里，让幼儿从汤锅里捡出字母，用胶水粘在纸板上画出的"锅"中。

语言学习

词汇

▶ 字母 ▶ 意大利面 ▶ 搅动 ▶ 平底锅
▶ 豌豆 ▶ 烹煮 ▶ 吃 ▶ 豆子
▶ 混合 ▶ 蔬菜 ▶ 玉米 ▶ 加热
▶ 汤

活动用语

"今天，我们会一起煮汤。我们用鸡汤、意大利面和蔬菜煮汤。这是什么蔬菜？对了！是玉米。谁喜欢玉米？然后，我们要加一些豌豆等。谁愿意帮助我搅动一下？"

歌曲、儿歌和手指游戏

歌曲：《字母汤》

作词：金伯利·博安农

曲调：《变戏法》

我们把鸡汤放进去，
还要放进意大利面。
我们把玉米放进去，
　因为我们要做汤。

我们把这些放进锅里，
　等着汤煮沸，
做成我们享用的美味。

附加歌词：

用其他原料的名称替换这里的材料名称，比如豌豆和大豆等，重复唱。

做朋友

游戏材料

✂ 有三四条课堂规则的海报

推荐书目

✎ 《心的印记》（*Heartprints*），作者：P.K.Hallinan

✎ 《感恩每一天》（*I'm Thankful Each Day!*），作者：P.K.Hallinan

✎ 《倾听时刻》（*Listening Time*），作者：Elizabeth Verdick

✎ 《我们是好朋友》（*We're Best Friends*），作者：Aliki

✎ 《我会关心别人》（*When I Care About Others*），作者：Cornelia Maude Spelman

游戏方法

　　和幼儿谈一谈课堂规则，比如，对人要和善，不打人，在室内只能走，玩具要与人分享等。规则要简单易行，张贴在和幼儿视线持平的高度。告诉幼儿为什么遵循规则对我们每一个人都很重要。在解决学步儿之间的矛盾冲突或者强化他们的积极行为时，提醒幼儿相关规则。在小组活动或者围坐时间，给幼儿读如何对待他人、尊重他人，与人交朋

学习成果

社会性－情绪发展
★ 同理心
★ 关心他人
○ 自我意识
○ 自我同一性
○ 与成年人的关系
○ 同伴关系
○ 自我调节
○ 分享

生理发展
○ 感知能力

认知发展
○ 空间意识
○ 经验关联
○ 模仿他人
○ 遵循简单指令

语言发展
○ 接受性语言
○ 表达性语言
○ 沟通需要
○ 把文字和真实世界的知识相关联
○ 概念词汇
○ 阅读
○ 在游戏中使用语言

友的故事。把新词教给他们，和他们一起唱歌，或者一起念儿歌。

调整适用于两三岁儿童

和幼儿谈一下关于友谊的事情。把他们友善待人、相互尊重的时刻拍照记录下来，张贴在教室的各处。

扩展活动

和另一位老师合作，让两个班级的孩子互相交友。与幼儿谈一谈和隔壁班级的幼儿之间的友谊。教幼儿唱一首歌，请他们把歌唱给隔壁班级的幼儿听。让他们把与人为友的情境画下来。

语言学习

词汇

- ▶ 朋友
- ▶ 课堂规则
- ▶ 和善
- ▶ 分享
- ▶ 尊重
- ▶ 拥抱
- ▶ 友善
- ▶ 关心
- ▶ 有礼貌

活动用语

"班级规则让我们感受到安全，也向他人展示我们的友善。我们怎么展示对他人的友善呢？和他人分享玩具就是一种特别好的方式。拥抱也能让人感受到友善。感谢你们友善待人、互相分享玩具，真是非常棒！"

泡泡

游戏材料

- ✂ 泡泡液
- ✂ 大盆子或者空的感观桌
- ✂ 耐用的绘画围裙或工作服
- ✂ 毛巾
- ✂ 水

推荐书目

- ✎ 《泡泡，泡泡》（*Bubbles, Bubbles*），作者： Kathi Appel
- ✎ 《泡泡工厂》（*The Bubble Factory*），作者： Tomie dePaola
- ✎ 《我的五种感官》（*My Five Senses*），作者： Aliki
- ✎ 《我的五种感官》（*My Five Senses*），作者： Margaret Miller
- ✎ 《啵！一本关于泡泡的书》（*Pop! A Book About Bubbles*），作者：Cornelia Maude Spelman

游戏方法

在水盆里放一点泡泡液，用手搓打出泡泡，越多越好。搓泡泡的时候，让幼儿仔细观看，向他们

学习成果

社会性－情绪发展
- ○ 自我意识
- ○ 自我同一性
- ○ 与成年人的关系
- ○ 同伴关系
- ○ 自我调节
- ○ 分享

生理发展
- ○ 感知能力
- ○ 精细动作技能

认知发展
- ★ 经验关联
- ★ 游戏进程
- ○ 因果关系
- ○ 记忆
- ○ 空间意识
- ○ 模仿他人
- ○ 遵循简单指令

语言发展
- ○ 接受性语言
- ○ 表达性语言
- ○ 把文字和真实世界的知识相关联
- ○ 概念词汇

演示如何把泡泡捧起来，如何把泡泡堆成堆，如何用泡泡做成小雕塑等。让幼儿看你如何揉搓手指，搓出泡泡。一次邀请一两个小朋友，学你的样子搓泡泡，把泡泡堆起来，做雕塑。把推荐图书读给他们听，把新词教给他们，和他们一起唱歌，或者一起念儿歌。

调整适用于两三岁儿童

向幼儿演示如何吹泡泡，和幼儿一起观看泡泡在空中飞舞。

扩展活动

把一些玩具，比如橡皮鸭子、玩具宝宝、塑料玩具或者塑料农场动物等，放在水里。让幼儿体验物体在水中的沉浮。

语言学习

词汇

▶ 泡泡	▶ 柔软	▶ 湿的	▶ 水
▶ 液体	▶ 快速移动	▶ 漂浮	▶ 优雅的
▶ 寒冷	▶ 水盆	▶ 挤压	▶ 雕塑
▶ 前面	▶ 后面	▶ 手	▶ 手指

活动用语

"我把泡泡液放进水盆里。看我用手在水盆中快速划动弄出泡泡。看我怎么用手揉搓泡泡。你和我一起做吗？你感觉怎么样？我感觉泡泡软软的。你的手感受到湿了吗？你能用泡泡做个什么雕塑呢？"

歌曲、儿歌和手指游戏

歌曲：《泡泡跳出来》

作词：金伯利·博安农
曲调：《砰！去追黄鼠狼》（Pop！ Goes the Weasel）

泡泡在我们周围飘，
既柔软又优雅。
泡泡在我们周围飘，

（用手指吹泡泡。）

跳出来，小泡泡。

虫子和昆虫

游戏材料

- ✂ 关于虫子的图书和图片
- ✂ 昆虫
- ✂ 玩具虫子

推荐书目

- ✎《你是只蝴蝶吗？》（*Are You a Butterfly?*），作者：Judy Allen，Tudor Humphries
- ✎《你是只瓢虫吗？》（*Are You a Ladybug?*），作者：Judy Allen，Tudor Humphries
- ✎《虫子！虫子！虫子！》（*Bugs! Bugs! Bugs!*），作者：Bob Barner

游戏方法

　　给幼儿看虫子和昆虫的图片，比如蜘蛛、蜜蜂、瓢虫、甲壳虫、蝴蝶和萤火虫等。说出虫子或昆虫的名称，把它们的特点、图案、颜色等指给幼儿看。分小组，让幼儿轮流观看玩具虫子和昆虫，看后传给旁边的人看。把推荐图书读给他们听，把新词教给他们，和他们一起唱歌，或者一起念儿歌。

学习成果

社会性－情绪发展

★ 关心他人
○ 自我意识
○ 与成年人的关系
○ 同伴关系
○ 同理心
○ 分享

生理发展

○ 感知能力
○ 精细动作技能

认知发展

○ 记忆
○ 空间意识
○ 经验关联
○ 数字意识
○ 遵循简单指令

语言发展

★ 把文字和真实世界的知识相关联
○ 接受性语言
○ 表达性语言
○ 概念词汇
○ 阅读

调整适用于两三岁儿童

给幼儿介绍虫子和昆虫更具体的细节。到大自然中散步，把室外看见的虫子和昆虫指给幼儿看。之后让幼儿把看到的画下来，在图画的后面写上他们对画出的虫子或昆虫的描述。

扩展活动

用黑色的卡纸剪出 12~15 只 8~10 厘米大的蚂蚁。在教室里画出一些曲线，代表蚂蚁爬行的路线，让幼儿拿着蚂蚁伴随行进音乐，沿着画出的路线行走。对幼儿讲述保护自然环境的重要性。

语言学习

词汇

- 虫子
- 爬行
- 萤火虫
- 甲壳虫
- 蜜蜂
- 昆虫
- 蹦跳
- 飞
- 蝴蝶
- 瓢虫
- 蜘蛛

活动用语

"世界上有很多不同的虫子和昆虫。这是一张瓢虫的图片。你看见了什么？它是红色的，还有一些小黑点。它生活在植物上，并且它会飞。看它在我胳膊上爬。你想让它在你的胳膊上爬吗？"

歌曲、儿歌和手指游戏

歌曲：《蜜蜂、甲壳虫、爬虫》

作词：琼·芭芭拉

曲调：《三只盲鼠》

蜜蜂、甲壳虫和爬虫，　　　　　　　　　蜜蜂、甲壳虫和爬虫，
蜜蜂、甲壳虫和爬虫，　　　　　　　　　蜜蜂、甲壳虫和爬虫，
看它们怎么样跳动。　　　　　　　　　　看它们怎么样飞行。
看它们怎么样跳动。　　　　　　　　　　看它们怎么样飞行。
它们在碧绿碧绿的叶子上跳啊跳。　　　它们在空中飞，我们看它们飞过。
它们在碧绿碧绿的叶子上跳啊跳。　　　它们在空中飞，我们看它们飞过。
蜜蜂、甲壳虫和爬虫，　　　　　　　　　蜜蜂、甲壳虫和爬虫。

歌曲：《黄蜂宝宝》（Baby Bumblebee）（传统歌曲）

倒出来，装进去

游戏材料

- ✂ 大小不等的不会摔坏的容器
- ✂ 一堆可以放进容器又能拿出容器的物体（比如大珠子、玩具农场动物、字母积木、大拼图等）

推荐书目

- ✎ 《颜色，字母，数字》(*Colors, ABC, Numbers*)，作者：Roger Priddy
- ✎ 《挖，挖，使劲儿挖》(*Dig Dig Digging*)，作者：Margaret Mayo
- ✎ 《理查德·斯卡利：最棒的第一本书！》(*Richard Scarry's Best First Book Ever!*)，作者：Richard Scarry

游戏方法

　　学步儿喜欢把东西装进容器再倒出来。把所有东西都装进大容器，让幼儿把它们倒出来。向他们演示如何把东西放进容器，然后请他们把东西倒出来。和幼儿一起数一数总共能把多少个物体放进容器，描述一下物体被倒出来的时候发出的声音。把推荐图书读给他们听，把新词教给他们，和他们一

学习成果

社会性－情绪发展
- ○ 自我意识
- ○ 自我同一性
- ○ 与成年人的关系
- ○ 同伴关系
- ○ 分享

生理发展
- ○ 感知能力
- ○ 精细动作技能

认知发展
- ★ 因果关系
- ★ 经验关联
- ○ 记忆
- ○ 空间意识
- ○ 数字意识
- ○ 模仿他人
- ○ 游戏进程
- ○ 遵循简单指令

语言发展
- ○ 接受性语言
- ○ 表达性语言
- ○ 沟通需要
- ○ 把文字和真实世界的知识相关联
- ○ 概念词汇
- ○ 在游戏中使用语言

起唱歌，或者一起念儿歌。

调整适用于两三岁儿童
把沙子装进容器，重复这个活动。这个活动可以在室外或者室内的沙箱里做。

扩展活动
邀请幼儿和你一起给物品排序和数数。向他们演示如何把小容器装进大容器。这样可以教幼儿整理物品，把物品放回原位。

语言学习

词汇
- 装进
- 上面
- 数数
- 倒出
- 空
- 量杯
- 倾倒
- 感觉
- 塑料容器

活动用语
"帮我把所有玩具都倒进这个大容器。看我把玩具装进这个小容器。我把它们倒出来的时候，听一听发出来的声音。听起来怎么样？这个容器给你。你想把什么放进去再倒出来？"

歌曲、儿歌和手指游戏
歌曲：《装进去，倒出来》
作词：金伯利·博安农
曲调：《划、划、划小船》

装啊，装啊，装满它，　　　　　　　　　　装得满满的，

直到它变得又好又满，
我们停下手。
倒啊，倒啊，倾倒啊，

把它倒出来，
直到它空空什么都没了，
你听到什么声音？

71

碎蛋壳

游戏材料

- ✂ 36 个干净的鸡蛋壳 ✱
- ✂ 卡纸
- ✂ 食品颜料
- ✂ 水
- ✂ 有沟槽的勺子
- ✂ 小碗
- ✂ 纸巾
- ✂ 胶水

✱ 制作空蛋壳：在生鸡蛋的两端打小孔，把蛋液倒在小碗或其他容器里，放进冰箱备用。把空蛋壳用清水洗净，风干。

推荐书目

- ✎《朵拉的鸡蛋》(*Dora's Eggs*)，作者：Julia Sykes
- ✎《先有蛋》(*First the Egg*)，作者：Laura Vaccaro Seeger
- ✎《我的五种感官》(*My Five Senses*)，作者：Aliki
- ✎《我的五种感官》(*My Five Senses*)，作者：Margaret Miller
- ✎《国家地理：小朋友的第一本大本动物书》(*National Geographic Little Kids First Big Book of Animals*)，作者：Catherine D. Hughes

学习成果

社会性 – 情绪发展
- ○ 与成年人的关系
- ○ 同伴关系
- ○ 关心他人
- ○ 分享

生理发展
- ★ 感知能力
- ★ 精细动作技能

认知发展
- ○ 因果关系
- ○ 记忆
- ○ 空间意识
- ○ 经验关联
- ○ 模仿他人
- ○ 遵循简单指令

语言发展
- ○ 接受性语言
- ○ 表达性语言
- ○ 沟通需要
- ○ 把文字和真实世界的知识相关联
- ○ 概念词汇
- ○ 在游戏中使用语言

游戏方法

注意：确保幼儿对鸡蛋不过敏。

给每个幼儿一张卡纸。让幼儿全程观看你如何把蛋壳放进有食品颜料的水中进行染色。把蛋壳颜色的改变告诉幼儿。用纸巾把蛋壳擦干。让幼儿看着你把蛋壳弄碎，请他们学你的样子也试着把蛋壳弄碎。把所有的蛋壳都弄碎，让幼儿把碎蛋壳用胶水粘在卡纸上。谈谈他们粘贴的图案的形状和设计。把推荐图书读给他们听，把新词教给他们，和他们一起唱歌，或者一起念儿歌。

调整适用于两三岁儿童

在老师的监督下，两岁儿童可以自己把食品颜料滴入水中，把蛋壳弄碎。把蛋壳放在塑料袋中，封好口，用木勺把蛋壳敲碎。

扩展活动

把会下蛋的动物的图书拿给幼儿阅读，比如《国家地理：小朋友的第一本大本动物书》。把几个鸡蛋煮熟，晾凉。让幼儿感受一下煮熟的鸡蛋。把熟鸡蛋切成两半，让幼儿观察蛋黄和蛋白，并用语言把蛋黄和蛋白描述给幼儿听。问幼儿看见了什么，闻见了什么，感受怎么样。余下的熟鸡蛋可以作为他们的加餐食品。

语言学习

词汇

▶ 蛋	▶ 平整	▶ 粗糙	▶ 酥脆
▶ 胶水	▶ 蛋壳	▶ 有色的	▶ 平滑
▶ 设计	▶ 破碎	▶ 染色	▶ 闻到

活动用语

"很多动物都会下蛋。我们看一看，摸一摸这个蛋壳。是平滑的还是粗糙的？我们把它放进有颜色的水里，看看会发生什么变化。现在它是什么颜色？我们把它打碎，听听发出的声音。听到爽脆的声音了吗？"

歌曲、儿歌和手指游戏

儿歌：《矮胖子》（Humpty Dumpty）（传统儿歌）

和朋友一起钓鱼

游戏材料

- ✂ 几个 1 米长的木榫
- ✂ 数根 0.5~1 米长的中粗绳子
- ✂ 一些金属垫圈（通常在五金商店能买到）
- ✂ 绝缘胶带
- ✂ 若干字母磁铁
- ✂ 若干数字磁铁

注意：也可以在玩具店买到现成的钓鱼工具。

推荐书目

- 📖《颜色，字母，数字》（ *Colors, ABC, Numbers* ），
  作者：Roger Priddy
- 📖《我的朋友在哪里？》（ *Where is My Friends?* ），
  作者：Simms Taback

游戏方法

制作钓竿，把绳子的一端系在一个金属垫圈上，绳子的另外一端系在木榫上。把字母磁铁或数字磁铁放在没有水的水盆上。向幼儿演示金属垫圈如何吸附在有磁铁的物体上。让幼儿把带磁铁的字母或数字从桌子上钓上来。把磁铁字母或数字再次放回桌上，继续游戏。把推荐图书读给他们听，把

学习成果

社会性 – 情绪发展

- ★ 同伴关系
- ★ 自我调节
- ○ 自我意识
- ○ 与成年人的关系
- ○ 关心他人
- ○ 分享

生理发展

- ○ 精细动作技能

认知发展

- ○ 因果关系
- ○ 记忆
- ○ 空间意识
- ○ 经验关联
- ○ 数字意识
- ○ 模仿他人
- ○ 游戏进程
- ○ 遵循简单指令

语言发展

- ○ 接受性语言
- ○ 表达性语言
- ○ 把文字和真实世界的知识相关联
- ○ 概念词汇
- ○ 在游戏中使用语言

新词教给他们，和他们一起唱歌，或者一起念儿歌。

调整适用于两三岁儿童
认读钓上来的字母或数字。用卡纸剪出一些小鱼，粘贴在磁铁上，继续钓鱼游戏。

扩展活动
将水盆注满水或者在感观桌上堆满沙子，磁铁物体放到水里或者埋在沙子里，继续钓鱼游戏。

语言学习

词汇
- 鱼塘
- 鱼
- 投下
- 磁铁字母
- 沉没
- 拉起
- 磁铁数字
- 漂浮
- 捉住

活动用语
"我们把钩线从水盆的边缘放下去，看看能不能钓到一个字母或数字。磁铁能帮助我们把它拉上来。钓到了！你钓到一个字母C。把字母从磁铁上取下来，放回水中。"

歌曲、儿歌和手指游戏
歌曲：《和朋友一起去钓鱼》
作词：琼·芭芭拉
曲调：《山谷里的农夫》

我和朋友去钓鱼，
　和朋友去钓鱼。

啊哈！钓到一个字母！
　我和朋友去钓鱼。

我钓到一个 A。　　　　　　　　　　啊哈！钓到一个字母！

我钓到一个 A。　　　　　　　　　　我钓到一个 A。

附加歌词：

可以用其他字母或者数字替换 "A"。继续唱歌。

73

有趣的手指画

游戏材料

- ✂ 不透水的厚纸
- ✂ 做手指画的材料
  - 大碗或者深口汤锅
  - 大金属勺子
  - 面粉或者淀粉
  - 水
  - 食品颜料
  - 量杯
  - 小碗

推荐书目

- ✑《蓝帽子，绿帽子》(*Blue Hat, Green Hat*)，作者：Sandra Boynton
- ✑《我的五种感官》(*My Five Senses*)，作者：Aliki
- ✑《我的五种感官》(*My Five Senses*)，作者：Margaret Miller
- ✑《母鸡萝丝去散步》(*Rosie's Walk*)，作者：Pat Hutchins
- ✑《小白兔的颜色书》(*White Rabbit's Color Book*)，作者：Alan Baker

学习成果

社会性－情绪发展
- ○ 自我意识
- ○ 自我同一性
- ○ 与成年人的关系
- ○ 分享

生理发展
- ○ 感知能力
- ○ 精细动作技能

认知发展
- ★ 游戏进程
- ○ 因果关系
- ○ 记忆
- ○ 空间意识
- ○ 经验关联

语言发展
- ★ 概念词汇
- ○ 接受性语言
- ○ 表达性语言
- ○ 把文字和真实世界的知识相关联

游戏方法

把厚纸铺在地板上。把手指画颜料放在幼儿前面，让他们开始制作手指画。下面是配制手指画颜料的两个配方：

配方一：

把 2 杯面、2 杯凉水和一些食品颜料放进大碗中，搅拌混合，直到没有干粉。

配方二：

把 1/2 杯淀粉和 2 杯凉水放进深口汤锅。搅拌，直到没有干粉。打开炉火，一边煮，一边搅动，直到淀粉糊沸腾变黏稠。把煮熟的淀粉糊盛入小碗，加入食品颜料，搅拌均匀。淀粉糊放凉就可以用了。

在晴朗的天气，和幼儿一起在室外做这个游戏也很有趣。确保制作手指画前后要洗手。把推荐图书读给他们听，把新词教给他们，和他们一起唱歌，或者一起念儿歌。

调整适用于两三岁儿童

将一包速溶香草布丁粉按操作指示进行混合，制成可食用手指画颜料。把布丁盛入碗中，加入颜料，做成颜色不同的布丁。邀请幼儿用这种颜料制作手指画，告诉他们这次可以舔手指。

扩展活动

让幼儿用塑料勺子、可洗的动物玩具、海绵或者羽毛蘸取手指画颜料，制作手指画，体验更多的手指画制作经历。

语言学习

词汇

▸ 画画　　　　▸ 湿的　　　　▸ 颜色　　　　▸ 手指

- ▸ 黏稠　　　　▸ 凉的　　　　▸ 混乱　　　　▸ 干燥
- ▸ 纸张

活动用语

"今天，谁想制作手指画？我有三种颜色供你们选择，红色、黄色和蓝色。你们想用哪种颜色？颜料摸起来感觉怎么样？是不是黏黏的？"

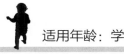

扭起来吧

游戏材料

✂ 节奏不同的音乐，比如格雷格和史蒂夫的《运动中的小朋友：蹦蹦跳跳》或者《摇一摇，晃一晃，抖一抖》

推荐书目

✎《谷仓舞！》（*Barnyard Dance!*），作者：Sandra Boynton

✎《舞动的脚！》（*Dancing Feet!*），作者：Lindsey Craig

✎《疯狂的河马！》（*ippos Go Berserk!*），作者：Sandra Boynton

游戏方法

下雨天，幼儿无法到户外游戏，或者幼儿在教室待腻了，浑身积蓄了太多能量无处释放，这种时候就可以做这个游戏。把幼儿集中在一起，播放一首歌曲，向幼儿演示如何随音乐扭动。要确保活动空间足够大，以免扭动的幼儿互相碰撞。交替播放快慢节奏的音乐。把推荐图书读给他们听，把新词教给他们，和他们一起唱歌，或者一起念儿歌。

学习成果

社会性－情绪发展

★ 自我调节
○ 自我意识
○ 与成年人的关系
○ 同伴关系

生理发展

○ 大动作技能

认知发展

○ 空间意识
○ 经验关联
○ 模仿他人
○ 游戏进程
○ 遵循简单指令

语言发展

★ 音乐、节奏和韵律
○ 接受性语言
○ 表达性语言
○ 概念词汇

调整适用于两三岁儿童

让幼儿自己选择播放哪首歌曲。播放音乐，让他们随着音乐扭动起舞。在游戏末尾，让他们慢慢安静下来，结束活动，回归平静。

扩展活动

幼儿随音乐扭动起舞的时候，鼓励他们拿上乐器或者围巾，加入音乐伴奏或者伴随音乐起舞。

语言学习

词汇

- 音乐
- 精力
- 移动
- 蹦跳
- 停止
- 跳起
- 开始
- 摆动
- 扭动

活动用语

"下雨了，我们不能到外面活动。我们听一首歌，扭动起来吧。把你的身体扭一扭。真棒！小心，别撞到别人。我们扭动跳舞吧！"

歌曲、儿歌和手指游戏

歌曲：《我的身体在扭动》
作词：金伯利·博安农
曲调：《幸福拍手歌》

我的身体在扭动，扭动，扭动，在扭动。　　　　　我在扭动，在扭动。

我的身体在扭动，扭动，扭动，在扭动。　　我的身体在扭动，扭动，扭动，在扭动。

　　　　　我在扭动，在扭动。

儿歌：《我能摇摆》（I Wiggle）（传统儿歌）

75

我很高兴做自己

游戏材料

推荐书目

- 《ABC，我爱自己！》（*ABC I Like Me!*），作者：Nancy Carlson
- 《今天我感觉傻傻的：还有其他的一些每日情绪》（*Today I Feel Silly: And Other Moods That Make My Day*），作者：Jamie Lee Curtis
- 《我们都一样——我们都不一样》（*We Are All Alike—We Are All Different*），作者：Cheltenham Elementary School Kindergartners

游戏方法

告诉幼儿他与同伴相同和不同的地方。和他们谈一谈他们之间的不同点和相同点，比如眼睛和头发的颜色。强调每一个人都是独特的个体。问一下他们喜欢在家里做什么，喜欢在保育中心玩什么。把推荐图书读给他们听，把新词教给他们，和他们一起唱歌，或者一起念儿歌。

调整适用于两三岁儿童

让幼儿给自己画一张自画像。在画的背面，写上幼儿认为自己独特的地方。

学习成果

社会性－情绪发展
- ★ 自我同一性
- ★ 同理心
- ○ 自我意识
- ○ 与成年人的关系
- ○ 同伴关系
- ○ 关心他人
- ○ 分享

生理发展
- ○ 感知能力
- ○ 大动作技能
- ○ 精细动作技能

认知发展
- ○ 记忆
- ○ 空间意识
- ○ 经验关联
- ○ 模仿他人

语言发展
- ○ 接受性语言
- ○ 表达性语言
- ○ 把文字和真实世界的知识相关联
- ○ 概念词汇

扩展活动

在小组活动的时候，让幼儿说出自身一两点让自己喜欢的地方，比如，喜欢在户外游戏或画画。轮到某个幼儿的时候，可以让他拿着自己的自画像做描述。

语言学习

词汇

- ▶ 眼睛
- ▶ 绿色
- ▶ 蓝色
- ▶ 棕色
- ▶ 黑色
- ▶ 金发
- ▶ 头发
- ▶ 微笑
- ▶ 卷发
- ▶ 直发
- ▶ 卷曲
- ▶ 相似
- ▶ 相像
- ▶ 不同
- ▶ 特别
- ▶ 独特

活动用语

"我们都是人。我们每一个人都是独一无二的。我们对待别人应该友善，相互尊重。我们头上都有头发。摸摸头，感受一下。我们有些人是直发，有些人是卷发。看看，谁的头发是直发？谁的头发是卷发？我把镜子传给你们，你们互相传看一下，看看自己的头发是什么样的。"

我爱拼图

游戏材料

✂ 各种拼图（颜色、图形、数字，以及小汽车、卡车、人物等物品的拼图）

✂ 4~6块木制拼图，供年龄小的幼儿使用

推荐书目

✎《颜色，字母，数字》(*Colors, ABC, Numbers*)，作者：Roger Priddy

✎《我的大本动物书》(*My Big Animal Book*)，作者：Roger Priddy

✎《理查德·斯卡利：最棒的第一本书！》(*Richard Scarry's Best First Book Ever!*)，作者：Richard Scarry

游戏方法

选一个拼图，和幼儿一起玩拼图游戏。取出拼图之前，先和幼儿谈一谈拼图。让幼儿把拼图倾倒在地板上。讨论一下拼图的手感、拼图的形状、拼图的颜色、木头的质地等。向幼儿演示如何把拼图放在一起。幼儿尝试把拼图拼起来的时候，给他们提供适当的帮助。如果拼图上没有方便幼儿拿取的圆头，可以自制一个粘上去。把推荐图书读给他们

学习成果

社会性－情绪发展
○ 自我意识
○ 自我同一性
○ 与成年人的关系
○ 分享

生理发展
○ 感知能力
○ 精细动作技能

认知发展
★ 记忆
○ 因果关系
○ 空间意识
○ 经验关联
○ 数字意识
○ 模仿他人
○ 游戏进程
○ 遵循简单指令

语言发展
★ 接受性语言
○ 表达性语言
○ 沟通需要
○ 把文字和真实世界的知识相关联
○ 概念词汇
○ 在游戏中使用语言

听，把新词教给他们，和他们一起唱歌，或者一起念儿歌。

调整适用于两三岁儿童

把儿童玩耍场景的拼图或有情绪图片的拼图拿给幼儿拼装。帮助幼儿用拼图构建词汇。

扩展活动

给幼儿提供具有更多拼图块或者更多故事场景的拼图，比如幼儿在海滩玩耍的情景。和幼儿聊一聊图片，并询问他们与图片相关的问题。

语言学习

词汇

- 拼图
- 放下
- 边缘
- 上部
- 拼图块
- 放置
- 平滑
- 底部
- 木头
- 移动
- 粗糙

活动用语

"这个拼图是五只小鸟的图案。我指着它们一个一个地数数：1、2、3、4、5。红色的鸟，黄色的鸟，蓝色的鸟，绿色的鸟和紫色的鸟。把它们指给我看看吧。你说，红色的鸟该放在哪里呢？你能把它放到适合它的位置上吗？"

音乐罐

游戏材料

- ✂ 5~6 个大小和形状各不相同的玻璃罐
- ✂ 水
- ✂ 大水罐
- ✂ 木勺
- ✂ 金属勺

推荐书目

- ✎ 《奇怪的小灰兔》（*Gray Rabbit's Odd One Out*），作者：Alan Baker
- ✎ 《我的五种感官》（*My Five Senses*），作者：Aliki
- ✎ 《我的五种感官》（*My Five Senses*），作者：Margaret Miller
- ✎ 《反义词》（*Opposites*），作者：Sandra Boynton
- ✎ 《母鸡萝丝去散步》（*Rosie's Walk*），作者：Pat Hutchins

学习成果

社会性－情绪发展
- ○ 自我意识
- ○ 与成年人的关系
- ○ 同伴关系
- ○ 分享

生理发展
- ★ 感知能力
- ○ 精细动作技能

认知发展
- ★ 空间意识
- ○ 因果关系
- ○ 记忆
- ○ 经验关联
- ○ 模仿他人
- ○ 遵循简单指令

语言发展
- ○ 接受性语言
- ○ 表达性语言
- ○ 把文字和真实世界的知识相关联
- ○ 概念词汇
- ○ 在游戏中使用语言

游戏方法

把大水罐里面的水倒进小水罐，每个小水罐里的水量不同。依次敲每个小水罐的口，让幼儿倾听每个小水罐发出的声音。分别用木勺和金属勺敲击水罐的顶部和底部，让幼儿听每次发出的声音有什么不同。把推荐图书读给他们听，把新词教给他们，和他们一起唱歌，或者一起念儿歌。

调整适用于两三岁儿童

让幼儿自己把水倒入小水罐。他们可以在小水罐里加入不同的颜色。和幼儿谈谈每个小水罐里水的颜色。

扩展活动

选两个高度相同的矮罐子，以及一个又高又细的罐子。在两个矮罐子中注入等量的水，敲击它们，让幼儿倾听这两个罐子发出的声音。告诉他们这两个罐子里的水是等量的。把其中一个罐子里的水倒进又高又细的那个罐子。让幼儿认识到，虽然罐子的大小和形状都不相同，但是它们里面的水是等量的。

语言学习

词汇

▶ 水罐	▶ 顶部	▶ 声音	▶ 多
▶ 那里	▶ 空间	▶ 细的	▶ 这里
▶ 装满	▶ 小的	▶ 高亢	▶ 金属勺
▶ 高的	▶ 低沉	▶ 木勺	▶ 少
▶ 敲击	▶ 底部		

活动用语

"我们把水罐灌上水。哪个水罐装的水比较多呢？如果我们敲击水罐的顶部和底部，发出的声音会一样吗？仔细听。哪个水罐发出的声音更低沉？哪个水罐发出的声音更高亢？用金属勺敲击水罐会发出什么样的声音？"

歌曲、儿歌和手指游戏

歌曲：《敲，敲，敲》

作词：琼·芭芭拉

曲调：《划、划、划小船》

敲，敲，敲水罐，
　　听它的声音。
敲水罐，敲水罐，
　　音乐响起来。

这儿，听，听声音，
　　仔细听一听。
敲敲这儿，敲敲那儿，
　　到处都是音乐声。

适用年龄：学步儿

小帮手

游戏材料

推荐书目

- 《学校里的好朋友！》(*Friends at School!*)，作者：Rochelle Bunnett
- 《理查德·斯卡利：请和谢谢书》(*Richard Scarry's Please and Thank You Book*)，作者：Richard Scarry
- 《一个超级棒的朋友》(*A Splendid Friend, Indeed*)，作者：Suzanne Bloom

游戏方法

　　小朋友很喜欢帮助他人。设计一些活动帮助他们学习如何关心和帮助他人。鼓励幼儿相互帮助，比如把杯子、尿不湿、零食等物品传递给他人。看到相互帮助的行为时，认可他们并加以表扬。幼儿学习助人的过程中会出现错误。尽量不要着急更正他们的行为，也不要让他们重做。在这个过程中，完美不是重点，重点是他们帮助他人的意愿。把推荐图书读给他们听，把新词教给他们，和他们一起唱歌，或者一起念儿歌。

学习成果

社会性－情绪发展
- ★ 关心他人
- ★ 分享
- ○ 自我意识
- ○ 自我同一性
- ○ 与成年人的关系
- ○ 同伴关系
- ○ 自我调节
- ○ 同理心

生理发展
- ○ 精细动作技能

认知发展
- ○ 因果关系
- ○ 记忆
- ○ 经验关联
- ○ 模仿他人
- ○ 遵循简单指令

语言发展
- ○ 接受性语言
- ○ 表达性语言
- ○ 沟通需要
- ○ 把文字和真实世界的知识相关联
- ○ 概念词汇

调整适用于两三岁儿童

鼓励幼儿尝试帮助他人，教给他们对同伴说"请"和"谢谢"。告诉他们关于礼貌的事情，向他们示范礼貌用语的使用。

扩展活动

每天选出特定的幼儿做当天的助手。把他们的名字写在帮助者列表里。助手可做的事情有很多，比如，分发加餐食品，在艺术课上分发蜡笔、画纸等，把玩具拿到户外为户外活动做准备，选择演唱歌曲，等等。

语言学习

词汇

▶ 请　　　　　　▶ 谢谢你　　　　▶ 关心　　　　▶ 助手
▶ 传递　　　　　▶ 帮助　　　　　▶ 分享　　　　▶ 清理
▶ 朋友

活动用语

"帮助和关心他人很重要。帮助他人是一件很美好的事情。今天，谁想帮助我分发加餐零食呢？感谢卡洛斯帮助分发今天的零食。"

歌曲、儿歌和手指游戏

儿歌：《朋友，谢谢你》
作词：金伯利·博安农
曲调：《雅克兄弟》

谢谢，谢谢。　　　　　　　　感谢你的帮助。

谢谢，谢谢。　　　　　　　　感谢你的帮助。

你真好，你真好。　　　　　你是我朋友，你是我朋友。

79

条纹游戏

游戏材料

✄ 带有条纹和规律图案的物品（比如玩具斑马、青蛙、鱼、树叶，或者带有条纹和规律图案的图片）

推荐书目

✎《最大，最强，最快》（*Biggest, Strongest, Fastest*），作者：Steve Jenkins

✎《很多很多斑马条纹：自然界的规律图案》（*Lots and Lots of Zebra Stripes: Patterns in Nature*），作者：Stephen R. Swinburne

游戏方法

把带有条纹和规律图案的物品或者图片展示给幼儿。把穿带条纹或规律图案（比如格子和菱形）衣服的小朋友指出来。让幼儿在教室找到更多带条纹或者规律图案的物品。把推荐图书读给他们听，把新词教给他们，和他们一起唱歌，或者一起念儿歌。

调整适用于两三岁儿童

帮助幼儿在室内和室外寻找条纹和规律图案。指出地板和窗户玻璃上以及室外长凳上的图案。在卡纸或者人行道上画出条纹或者规律图案。

学习成果

社会性 – 情绪发展
○ 自我同一性
○ 与成年人的关系
○ 同伴关系

生理发展
○ 感知能力

认知发展
★ 数字意识
○ 记忆
○ 空间意识
○ 经验关联

语言发展
★ 表达性语言
○ 接受性语言
○ 把文字和真实世界的知识相关联
○ 阅读

扩展活动

把有色卡纸剪成长条，用胶水把纸条贴在白纸上，排出条纹和规律图案的样子。把简单的交替图案教给幼儿。

语言学习

词汇

- ▶ 条纹
- ▶ 窗户
- ▶ 规律图案
- ▶ 门
- ▶ 方块
- ▶ 线条
- ▶ 地板
- ▶ 笔直

活动用语

"这是一匹玩具斑马。斑马身上有条纹。条纹是纯色背景上细长的条状图案。仔细看看你们的衣服，看看你穿的衣服是不是有条纹的。谁的衬衣上有条纹？这些条纹是什么颜色？你还看见了什么？"

歌曲、儿歌和手指游戏

儿歌：《到处都是条纹》
作词：金伯利·博安农

> 条纹随处可见。　　　　　　　　细细宽宽，
> 到处都能发现。　　　　　　　　我们去找一找，看一看。
> 　长长短短，

儿歌：《五只带斑点的小青蛙》(Five Little Speckled frogs)(传统儿歌)

80

击鼓行进

游戏材料

- ✂ 行进音乐
- ✂ 各种乐器

推荐书目

- ✎《游行的蝙蝠》(*Bats on Parade*)，作者：Steve Jenkins
- ✎《好奇的乔治在游行》(*Curious George at the Parade*)，作者：Margret Rey，H. A. Rey
- ✎《恐龙迪诺在游行》(*Dino Parade*)，作者：Thom Willy

游戏方法

向幼儿演示如何行进。告诉他们行进与普通走路有所不同。让幼儿原地练习行进的动作。让幼儿自己挑选中意的乐器或者自制的鼓（制作方法见活动 98），播放音乐，鼓励幼儿跟着音乐行进。把推荐图书读给他们听，把新词教给他们，和他们一起唱歌，或者一起念儿歌。

调整适用于两三岁儿童

让幼儿排成排，像列队游行一样，在房间四处

学习成果

社会性－情绪发展
- ★ 同伴关系
- ○ 自我意识
- ○ 自我同一性
- ○ 与成年人的关系
- ○ 自我调节
- ○ 分享

生理发展
- ○ 感知能力
- ○ 大动作技能
- ○ 精细动作技能

认知发展
- ★ 遵循简单指令
- ○ 因果关系
- ○ 记忆
- ○ 空间意识
- ○ 经验关联
- ○ 模仿他人
- ○ 游戏进程

语言发展
- ○ 接受性语言
- ○ 表达性语言
- ○ 把文字和真实世界的知识相关联
- ○ 概念词汇
- ○ 音乐、节奏和韵律
- ○ 在游戏中使用语言

行进走动，或者行进到隔壁教室。鼓励他们一边行进，一边演奏音乐。

扩展活动

年龄稍大的幼儿可以练习慢慢行进，高高地抬腿。他们练习行进、演奏乐器的时候，给他们戴上帽子。

语言学习

词汇

▶ 行进　　　▶ 停止　　　▶ 缓慢　　　▶ 咚咚鼓

▶ 敲击　　　▶ 进行曲　　▶ 游戏　　　▶ 高的

▶ 膝盖　　　▶ 乐器

活动用语

"行进就是走路，但是又与走路不完全一样。行进的时候，会把膝盖抬得很高。看我怎么行进。我们一起试试吧。"

歌曲、儿歌和手指游戏

歌曲：《弄出声音》

作词：琼·芭芭拉

曲调：《这位老先生》

叮叮咚，

叮叮咚。

演奏乐器好听又大声。

快一点，慢一点，

演奏你想要的节奏。

演奏你的乐器吧，快动手。

敲敲鼓，

敲敲鼓。

轻轻敲动你的鼓，

高一声，低一声，

演奏你想要的节奏。　　　　　　　　演奏你的乐器吧，快动手。

儿歌:《行进节拍》
作词: 金伯利·博安农

　　　　保持节奏，　　　　　　　　　　保持节奏，
　　是的，保持节奏，　　　　　　　是的，保持节奏，
　　　　四处行进，　　　　　　　　　打起你的鼓啊，
　　　移动你脚步。　　　　　　　　　迈起你脚步。

我的宠物

游戏材料

✂ 家庭宠物照片（比如狗、猫、鸟、仓鼠等）

推荐书目

✎《狗狗道奇：一本关于数数和吠叫的书》（*Doggies: A Counting and Barking Book*），作者：Sandra Boynton

✎《猫猫狗狗》（*Dogs and Cats*），作者：Steve Jenkins

✎《斑点狗消防员》（*Dot the Fire Dog*），作者：Lisa Desimini

✎《脏狗狗哈利》（*Harry the Dirty Dog*），作者：Gene Zion

✎《谁的鼻子？》（*Whose Nose?*），作者：Jeannette Rowe

游戏方法

把动物图片展示给幼儿看。和他们谈一谈不同的动物，包括动物的尾巴、耳朵、胡子、毛皮等。讨论动物吃什么，它们怎么交流，在哪里睡觉，我们怎么照顾它们。邀请幼儿和大家分享自己家里的宠物的图片，聊一聊关于自家宠物的事情。告诉幼儿温柔对待宠物的重要性。把推荐图书读给他们听，把新词教给他们，和他们一起唱歌，或者一起念儿歌。

学习成果

社会性－情绪发展
★ 关心他人
○ 自我同一性
○ 与成年人的关系
○ 同理心
○ 分享

生理发展
○ 感知能力
○ 精细动作技能

认知发展
○ 记忆
○ 经验关联

语言发展
★ 沟通需要
○ 接受性语言
○ 表达性语言
○ 把文字和真实世界的知识相关联
○ 概念词汇
○ 阅读

调整适用于两三岁儿童

和幼儿谈一谈他们的宠物会做的事情，他们为什么喜欢它们。让幼儿借助动物图形的图章或者饼干模具画出动物图画。谈一谈不同的图形，比如，爪子和骨头的图形、猫和狗的图形等。

扩展活动

把戏剧表演区装扮成兽医诊所。将听诊器、绷带、剪贴板、铅笔、毛绒动物和白色大衬衫放在该区域里。在该区域挂上"伯恩兽医诊所"的标牌。

语言学习

词汇

- 触摸
- 朋友
- 小兔子
- 山羊

- 温柔
- 尊重
- 鱼
- 胡须

- 喜爱
- 狗
- 仓鼠
- 舌头

- 照顾
- 猫
- 皮毛
- 尾巴

活动用语

"你们谁家里有宠物？谁能把自己家宠物的名字告诉我们？巴斯特，你家小狗最讨你喜欢的是什么？它在哪里睡觉？它吃什么？你照顾它吗？"

歌曲、儿歌和手指游戏

歌曲：《这位老先生》（传统歌曲）

歌曲：《宾戈》（传统歌曲）

歌曲：《六只小鸭子》（Six Little Ducks）（传统歌曲）

儿歌：《三只小猫咪》（Three Little Kittens）（传统歌曲）

剥橘子

游戏材料

- ✄ 新鲜橘子
- ✄ 切菜板
- ✄ 纸巾

推荐书目

- ✎ 《小老鼠上学第一天》（*Mouse's First Day of School*），作者：Lauren Thompson
- ✎ 《我的五种感官》（*My Five Senses*），作者：Aliki
- ✎ 《我的五种感官》（*My Five Senses*），作者：Margaret Miller
- ✎ 《小白兔的颜色书》（*White Rabbit's Color Book*），作者：Alan Baker

学习成果

社会性－情绪发展
○ 与成年人的关系
○ 同伴关系
○ 分享

生理发展
★ 感知能力
○ 精细动作技能

认知发展
○ 记忆
○ 空间意识
○ 经验关联

语言发展
★ 把文字和真实世界的知识相关联
○ 接受性语言
○ 表达性语言
○ 概念词汇

游戏方法

给橘子剥皮之前，让幼儿感受一下并闻一下气味。和幼儿谈一下橘子圆圆的外形，凹凸不平的外皮，橘子的脐，以及橘子的颜色。剥皮、切开、分给幼儿享用之前，确保每个橘子都是充分清洗过的。给橘子剥皮的时候，动作要慢，告诉幼儿你正在做什么。给幼儿讲解一下橘子内部新鲜多汁的果肉部分。把剥下来的橘子皮递给幼儿，让他们互相传递触摸和嗅闻一下。把橘子切开作为加餐水果给幼儿吃。把推荐图书读给他们听，把新词教给他们，和他们一起唱歌，或者一起念儿歌。

调整适用于两三岁儿童

让幼儿借助放大镜观察橘子的外皮和内部组织。和他们谈一下橘子皮以及摸起来的感觉。如果橘子有籽，向他们描述一下橘子的籽，并让年龄大的幼儿触摸一下。把橘子榨成汁，和幼儿谈谈橘子的果肉。

扩展活动

把橘子皮放在阳光下曝晒。让幼儿观察橘子皮晒干的过程，留意橘子皮边缘翘起的样子。你也可以帮助幼儿辨识教室里其他橘色的物体。

语言学习

词汇

- 橘子
- 橘子皮
- 种子
- 脐
- 果汁
- 甜的
- 果肉
- 凹凸不平
- 厚的
- 薄的
- 圆的
- 新鲜
- 水果

活动用语

"橘子是一种水果，它们是圆的。橘子的颜色是橘色的。橘子摸起来、闻起来、吃起来怎么样呢？它的皮是不是疙疙瘩瘩的？吃起来是不是甜甜的？"

歌曲、儿歌和手指游戏

歌曲：《橘子，橘子》
作词：琼·芭芭拉
曲调：《雅克兄弟》

橘子，橘子
我爱你。
我爱你。
你呀甜美又多汁。

你呀甜美又多汁。
多汁有果肉。
多汁有果肉。

83

星星和月亮

游戏材料

✂ 星星和月亮的图片

推荐书目

✐《打呼噜的熊》（*Bear Snores On*），作者：
Karma Wilson

✐《月亮，晚安》（*Goodnight Moon*），作者：
Margaret Wise Brown

✐《阿罗有支彩色笔》（*Harold and the Purple Crayon*），作者：Crockett Johnson

✐《妈妈的小星星》（*Mommy's Little Star*），作者：
Janet Bingham

✐《在沙滩上》（*On the Seashore*），作者：Anna
Milborne

游戏方法

和幼儿分享一下关于太阳和月亮的事情。把月亮和星星的图片拿给幼儿看。数一数星星的角。给他们阅读推荐图书中的任何一本书，让幼儿把书中的星星或者月亮指出来。让家人在夜晚把月亮和星星指给幼儿看。把推荐图书读给他们听，把新词教给他们，和他们一起唱歌，或者一起念儿歌。

学习成果

社会性－情绪发展
○ 与成年人的关系
○ 自我调节
○ 分享

生理发展
○ 感知能力
○ 精细动作技能

认知发展
★ 记忆
★ 数字意识
○ 空间意识
○ 经验关联
○ 游戏进程
○ 遵循简单指令

语言发展
○ 接受性语言
○ 表达性语言
○ 概念词汇
○ 阅读
○ 音乐、节奏和韵律

调整适用于两三岁儿童

用卡纸剪出圆形、正方形、菱形、长方形和星星。帮助幼儿给不同图形排序，并数数。给幼儿阅读图书《在沙滩上》，让幼儿观察一下其中的寄居蟹和海星。和幼儿聊一聊海里的海星以及天上的星星。

扩展活动

用标签纸剪出 8~10 厘米大的星星和月亮。给幼儿提供颜料，让他们用星形图章和饼干模具画出星星。在星星上面撒上闪闪发光的粉末。在标签纸上打一个孔，用线绳把他们制作的星星或者月亮挂在天花板上。

语言学习

词汇

▶ 星星　　▶ 长方形　　▶ 发光　　▶ 圆形
▶ 天空　　▶ 闪动　　▶ 图形　　▶ 海星
▶ 菱形　　▶ 饼干模具　▶ 贝壳　　▶ 顶点
▶ 月亮　　▶ 寄居蟹　　▶ 闪亮　　▶ 正方形
▶ 图章

活动用语

"这个形状是星星，它有五个角。我们一起来数一数：1、2、3、4、5。夜晚太阳不再照耀，我们可以在天空看见星星。晚上，月亮也会闪闪发光。我给你们读一下《妈妈的小星星》这本书。看见封面上的星星了吗？"

歌曲、儿歌和手指游戏

歌曲：《月亮和星星》
作词：琼·芭芭拉

曲调:《我的邦妮漂洋过海》

月亮照射在草地上。　　　　　　　　月亮照射在群山上。
月亮照射在海上。　　　　　　　　　它为我将夜色照亮。

歌曲:《一闪一闪小星星》(传统歌曲)
儿歌:《鹅妈妈!》(Hey, Diddle, Diddle!)(传统儿歌)
儿歌:《星光,闪亮亮》(Starlight, Star Bright)(传统儿歌)

纸片游戏

游戏材料

- ✂ 各种纸（比如纸巾、油纸、面巾纸、带有图案的包装纸、卡纸、砂纸、杂志纸等）
- ✂ 剪刀
- ✂ 胶水
- ✂ 过塑膜
- ✂ 标签
- ✂ 记号笔
- ✂ 三孔活页夹

推荐书目

- ✎ 《宝宝感触动物》（*Baby Touch and Feel Animals*），作者：DK Publishing
- ✎ 《我的五种感官》（*My Five Senses*），作者：Aliki
- ✎ 《我的五种感官》（*My Five Senses*），作者：Margaret Miller
- ✎ 《用纸袋子能做什么？》（*What Can You Do with a Paper Bag?*），作者：Judith Cressy

学习成果

社会性－情绪发展
- ○ 自我同一性
- ○ 与成年人的关系
- ○ 同伴关系
- ○ 分享

生理发展
- ○ 感知能力
- ○ 精细动作技能

认知发展
- ○ 记忆
- ○ 空间意识
- ○ 数字意识
- ○ 经验关联
- ○ 遵循简单指令

语言发展
- ★ 把文字和真实世界的知识相关联
- ○ 概念词汇
- ○ 接受性语言
- ○ 表达性语言
- ○ 阅读
- ○ 在游戏中使用语言

游戏方法

用各种不同的纸剪出边长 15 厘米的正方形，用胶水把剪出的图形粘在 A4 卡纸上。

和幼儿一起坐在地板上，告诉他们不同材质的纸。让他们感受一下各种纸的质地。让他们把看过的纸传递给旁边的人。所有的幼儿都看完以后，给每一个图形过塑，标上标签，放进活页夹中保存。把活页夹放在幼儿方便拿取的地方。把《用纸袋子能做什么？》书中出现的纸的图片指给幼儿看。把推荐图书读给他们听，把新词教给他们，和他们一起唱歌，或者一起念儿歌。

调整适用于两三岁儿童

用每一种纸各剪出一个宽 5 厘米、长 10 厘米的长方形，每个纸片上都贴上宽 6 厘米、长 11 厘米的索引卡。把纸的材质写在索引卡上。告诉幼儿如何将这些纸片和原纸张配对。把贴有索引卡的纸片放在纸袋中，让幼儿轮流从中抽取纸片，找到配对的原纸片。

扩展活动

鼓励幼儿用碎纸片在卡纸上制作拼贴画。给他们提供不同类型和颜色的纸。你也可以教幼儿把彩色面巾纸团起来，粘在卡纸上，做出 3D 效果。幼儿也可以把布料、线绳、羽毛和小块的丝带粘贴在他们的艺术作品上。

语言学习

词汇

▶ 纸巾	▶ 油纸	▶ 蜡光的	▶ 面巾纸
▶ 包装纸	▶ 卡纸	▶ 砂纸	▶ 植绒纸
▶ 报纸	▶ 杂志纸	▶ 纸袋	▶ 活页夹
▶ 索引卡	▶ 配对	▶ 小的	▶ 大的

活动用语

"纸有很多种。在家里和学校里我们会见到很多种纸。这是一种纸，叫作油纸。油纸通常在厨房里使用。摸一摸感觉怎么样？黏吗？我们把它叫作油蜡的感觉。这是包装纸。它上面有精心设计的图案。它摸起来和油纸有什么不同？你更喜欢哪种纸？"

歌曲、儿歌和手指游戏

歌曲：《纸片儿》

作词：金伯利·博安农

曲调：《我是一只小茶壶》(I'm a Little Teapot)

我是一张小纸片。　　　　　　　把它拿起看一看，
　过来看一看。　　　　　　　　左看看，右看看，
摸着什么感觉？　　　　　　　　柔软吗？黏手吗？
看起来怎么样？　　　　　　　　轻飘或沉重？

比萨，比萨派

游戏材料

- ✂ 白色纸盘子
- ✂ 1~2 厘米大小的小纸片
- ✂ 胶棒
- ✂ 蜡笔
- ✂ 记号笔

推荐书目

- 📎《颜色，字母，数字》(*Colors, ABC, Numbers*)，作者：Roger Priddy
- 📎《在花园数数》(*Counting in the Garden*)，作者：Kim Parker
- 📎《好奇的乔治和比萨》(*Curious George and the Pizza*)，作者：Margret Rey，H.A.Rey
- 📎《你的沙拉是怎么长成的？》(*How Does Your Salad Grow?*)，作者：Francie Alexander
- 📎《吼叫！吵吵闹闹的数数书》(*Roar! A Noisy Counting Book*)，作者：Pamela Duncan Edwards

游戏方法

让幼儿用蜡笔、彩色小纸片和纸盘制作比萨。

学习成果

社会性－情绪发展
- ○ 自我意识
- ○ 自我同一性
- ○ 与成年人的关系
- ○ 同伴关系
- ○ 自我调节
- ○ 分享

生理发展
- ★ 精细动作技能
- ○ 感知能力

认知发展
- ★ 数字意识
- ○ 记忆
- ○ 空间意识
- ○ 经验关联
- ○ 模仿他人
- ○ 游戏进程
- ○ 遵循简单指令

语言发展
- ○ 接受性语言
- ○ 表达性语言
- ○ 沟通需要
- ○ 把文字和真实世界的知识相关联
- ○ 概念词汇
- ○ 在游戏中使用语言

和幼儿谈一谈制作比萨使用的不同的蔬菜及各种材料，比如，西红柿、橄榄、意大利辣香肠。首先，让幼儿把彩纸撕或剪成小碎片，作为比萨饼上的配料。他们选择配料的时候，告诉他们怎么给不同的纸片排序和数数。他们可以用蜡笔或者记号笔给纸盘涂色，然后把选好用作配料的纸片粘在上面。把推荐图书读给他们听，把新词教给他们，和他们一起唱歌，或者一起念儿歌。

调整适用于两三岁儿童

在戏剧表演区增加厨师帽、围裙、擀面杖、餐厅菜单、干净的比萨盒等道具。

扩展活动

策划一个烘焙活动，让幼儿用英式小松饼、比萨酱和奶酪制作比萨。用烤箱加热。在比萨加热的过程中，和幼儿谈一谈比萨散发出的味道以及奶酪融化的过程等。

语言学习

词汇

- 圆的
- 吃
- 橄榄
- 比萨
- 胶水
- 切开
- 烤
- 意大利辣香肠
- 西红柿
- 纸盘
- 撕碎

活动用语

"今天我们自己制作纸比萨。比萨是圆形的。我们吃的比萨上面都有什么？有时候，人们会在比萨上面放意大利辣香肠、蔬菜或者橄榄。你可以把纸撕碎，做成比萨配料的样子，贴在纸盘比萨上。你用了几种颜色？我们来数一数你所用到的颜色。"

歌曲、儿歌和手指游戏

儿歌：《比萨》

作词：金伯利·博安农

这是我的比萨。　　　　　　　我喜欢比萨。
这是你的比萨。　　　　　　　你呢？

一起玩耍

游戏材料

- ✄ 可用于教导分享和同理心的材料
- ✄ 推荐书目
  - 《学校里的好朋友！》（*Friends at School!*），作者：Rochelle Bunnett
  - 《安全游戏！游戏场所的安全指南》（*Please Play Safe! Penguin's Guide to Playground Safety*），作者：Margery Cuyler
  - 《分享时间》（*Sharing Time*），作者：Elizabeth Verdick
  - 《我会关心别人》（*When I Care About Others*），作者：Cornelia Maude Spelman

游戏方法

　　幼儿做游戏的时候得到成年人的帮助，学习说话时得到成年人的支持，从而学会分享并产生同理心。每日活动是促进幼儿与人分享、轮流游戏的能力及同理心发展的大好机会。比如，幼儿在沙箱玩游戏的时候，帮助他们共用铲子和筛子，他们就可以一起玩耍，分享用具。围坐时间，可以让幼儿听音乐传递物品，给他们提供机会练习合作。把推荐图书读给他们听，把新词教给他们，和他们一起唱歌，或者一起念儿歌。

学习成果

社会性－情绪发展
- ★ 同理心
- ★ 分享
- ○ 自我意识
- ○ 与成年人的关系
- ○ 同伴关系
- ○ 自我调节
- ○ 关心他人

生理发展
- ○ 大动作技能
- ○ 精细动作技能

认知发展
- ○ 记忆
- ○ 模仿他人
- ○ 游戏进程
- ○ 遵循简单指令

语言发展
- ○ 接受性语言
- ○ 表达性语言
- ○ 沟通需要
- ○ 在游戏中使用语言

调整适用于两三岁儿童

年龄稍大的幼儿在玩耍的过程中，成年人给他们提供适当的辅助，可以促进他们游戏能力的发展。在沙箱共同游戏的时候，建议幼儿把装卸卡车或者铲子递给旁边的同伴。或者建议他们邀请同伴一起唱歌跳舞。

扩展活动

把幼儿一起玩耍、互相分享的时刻拍照留念，打印出图片，张贴在幼儿每天都能看见的地方。把关于分享和同理心的词汇告诉幼儿，可以有效帮助他们理解什么是分享和同理心。

语言学习

词汇

- 分享
- 他人
- 轮流

- 请
- 情感
- 朋友

- 传递
- 谢谢
- 关心

- 玩耍
- 给予

活动用语

"学习分享是结交朋友的重要部分。在教室里，我们分享和关心朋友的情感。安吉拉和维罗妮卡在一起玩得真开心。我看见你们在一起分享积木。马尔科看起来也喜欢玩积木。马尔科，你想和我们一起玩吗？看呀，马尔科搭的房子真高啊！"

歌曲、儿歌和手指游戏

歌曲：《在学校做朋友》
作词：琼·芭芭拉
曲调：《雅克兄弟》

一起玩耍，一起玩耍。 在学校做朋友。

多快乐，多快乐。 在学校做朋友。

我们一起快乐。

冰棒艺术

游戏材料

- ✂ 松饼模具
- ✂ 水
- ✂ 蛋彩画
- ✂ 画架纸
- ✂ 大纸箱

推荐书目

- ✎ 《苹果派树》（*The Apple Pie Tree*），作者：Zoe Hall
- ✎ 《颜色，字母，数字》（*Colors, ABC, Numbers*），作者：Roger Priddy
- ✎ 《棒冰乐趣》（*Ice Pop Joy*），作者：Annie Daulter
- ✎ 《我的五种感官》（*My Five Senses*），作者：Aliki
- ✎ 《我的五种感官》（*My Five Senses*），作者：Margaret Miller
- ✎ 《吼叫！吵吵闹闹的数数书》（*Roar! A Noisy Counting Book*），作者：Pamela Duncan Edwards

学习成果

社会性－情绪发展
- ○ 与成年人的关系
- ○ 同伴关系
- ○ 分享

生理发展
- ○ 感知能力
- ○ 精细动作技能

认知发展
- ★ 空间意识
- ★ 数字意识
- ○ 因果关系
- ○ 经验关联

语言发展
- ○ 接受性语言
- ○ 表达性语言
- ○ 把文字和真实世界的知识相关联
- ○ 概念词汇

游戏方法

注意：最好在温暖且阳光明媚的日子，在室外做这个活动。

把水倒进松饼模具，放在冰箱里冷冻。等待水结冰的过程中，用一块足够大的画纸完全覆盖住纸箱底部，一定要确保纸箱底部完全被画纸盖住。在画纸上滴上不同颜色的水粉颜料。然后，和幼儿一起数冻好的冰块。让幼儿轮流把冰块一个一个地丢进箱子里。让幼儿轮流抬起纸箱子的两端，前后摇动，让冰块在里面滚动。向幼儿描述冰块融化以及箱子里颜料的变化过程。在冰块融化的过程中，数它们的数目。把画纸拿出来挂上，晾干。把推荐图书读给他们听，把新词教给他们，和他们一起唱歌，或者一起念儿歌。

调整适用于两三岁儿童

让幼儿用冰块在室外的人行道上画画。可以让幼儿用干的纸巾把冰块裹上，或者戴上手套，以免幼儿的小手被冰块冻坏。如果冰块融化了，可以让幼儿用大画刷继续画画。进行这个活动的时候，幼儿可能会把衣服弄湿，所以，最好在阳光明媚且温暖的日子进行这个活动。

扩展活动

制作冰棒。让幼儿选择一种无糖果汁。把果汁倒进纸杯、制冰盒或者冰棒盒里。一边倒果汁，一边数容器的数目。装好果汁，把纸杯或者制冰盒放进冰箱。果汁刚刚结冰，还没有冻透的时候，把冰棒棍儿插进去。再次放进冰箱冷冻，直到果汁完全结冰。最好把冰棒在冰箱放置一夜。如果用的是纸杯，从冰箱取出给幼儿之前，把纸杯撕掉。给幼儿看图书《棒冰乐趣》中的图片。这个活动特别适合炎热的夏日。

语言学习

词汇

- 球
- 托盘
- 甜的
- 冰
- 冰冻
- 冷的
- 滚动
- 冰碴
- 冰棒
- 颜料
- 坚硬
- 滴下
- 倾倒
- 果汁
- 解冻

活动用语

"把冰块放进箱子的时候，我们来数一下数目。冰块摸起来是什么感觉？凉吗？我们用什么颜色的颜料呢？快看呀，颜料变湿了。我们抬起箱子的一边，冰块就会在箱子里前后滚动。颜料混合在一起了。黄色和红色混合在一起变成什么颜色了？对了！是橘色！冰球发生了什么变化？让我们看看还剩下几个冰块。"

歌曲、儿歌和手指游戏

儿歌：《一根冰棒，两根冰棒》
作词：琼·芭芭拉

一根冰棒，两根冰棒，
三根冰棒，四根冰棒。
五根冰棒，六根冰棒，
我们要更多。

环保艺术

游戏材料

- ✂ 可回收物品（比如空麦片盒子、纸盘子、塑料瓶子、纸巾卷筒、报纸、杂志等）
- ✂ 胶水
- ✂ 绝缘胶带（彩色绝缘胶带比较昂贵，但是可以为雕塑增添活泼的色彩）

推荐书目

- ✎ 《大大的地球，小小的我》（*Big Earth, Little Me*），作者：Tom Wiley
- ✎ 《清扫带来的惊喜》（*The Cleanup Surprise*），作者：Christine Loomis
- ✎ 《不是盒子》（*Not a box*），作者：Antoinette Portis

游戏方法

邀请幼儿的家庭将可回收利用的物品带来，供本活动使用。帮助幼儿用可回收物品搭建一个建筑物。用绝缘胶带和胶水把用于建造的材料粘牢。把推荐图书读给他们听，把新词教给他们，和他们一起唱歌，或者一起念儿歌。

调整适用于两三岁儿童

帮助幼儿用彩色卡纸碎片、线绳、织物、羽毛等其他活动的剩余材料制作 3D 艺

学习成果

社会性－情绪发展
- ○ 自我意识
- ○ 与成年人的关系
- ○ 同伴关系
- ○ 关心他人
- ○ 分享

生理发展
- ○ 精细动作技能

认知发展
- ○ 空间意识
- ○ 数字意识
- ○ 游戏进程
- ○ 遵循简单指令

语言发展
- ★ 表达性语言
- ★ 阅读
- ○ 接受性语言
- ○ 概念词汇
- ○ 在游戏中使用语言

术造型。把推荐图书读给幼儿听。

扩展活动

给幼儿阅读《大大的地球，小小的我》这本书，和幼儿讨论一下小朋友能做的回收再利用活动，并且告诉他们关爱自然与环境的重要性。

语言学习

词汇

- 回收利用
- 纸张
- 胶水
- 地球
- 垒叠
- 粘住
- 环境
- 上部
- 构造
- 自然
- 放置
- 牢固
- 盒子
- 旁边
- 强壮
- 塑料
- 附加

活动用语

"关爱大自然和环境非常重要。我们可以通过重复利用已经使用过的物品保护自然和环境。我们用从家里带来的废弃物制作一个建筑物吧。这是一个空的麦片盒，上面印着字。看见这些字母了吗？我们把麦片盒放在地上，一起建造一个建筑物吧。"

玩沙子

游戏材料

- ✄ 大塑料盆
- ✄ 滤器或沙筛
- ✄ 沙子
- ✄ 水
- ✄ 罐子
- ✄ 仓鼠刨花
- ✄ 玉米面
- ✄ 小玩具（比如塑料农场动物或者丛林动物）

推荐书目

- ✎《颜色，字母，数字》(*Colors, ABC, Numbers*)，作者：Roger Priddy
- ✎《挖，挖，使劲儿挖》(*Dig Dig Digging*)，作者：Margaret Mayo
- ✎《理查德·斯卡利：最棒的第一本书！》(*Richard Scarry's Best First Book Ever!*)，作者：Richard Scarry

游戏方法

学习成果

社会性 – 情绪发展
- ○ 自我意识
- ○ 与成年人的关系
- ○ 同伴关系
- ○ 自我调节
- ○ 分享

生理发展
- ★ 感知能力
- ○ 大动作技能
- ○ 精细动作技能

认知发展
- ★ 空间意识
- ○ 因果关系
- ○ 记忆
- ○ 经验关联
- ○ 模仿他人

语言发展
- ○ 接受性语言
- ○ 表达性语言
- ○ 把文字和真实世界的知识相关联
- ○ 概念词汇

把大塑料水盆放在矮桌上，里面装 2~3 厘米厚的沙子。把桌子放在适当的位置，以便幼儿可以看到沙子从滤器或筛子里落下来。把不同的动物玩具放在细沙中。教幼儿如何铲起和摇动沙坑玩具。把推荐图书读给他们听，把新词教给他们，和他们一起唱歌，或者一起念儿歌。

调整适用于两三岁儿童

让幼儿自己选择玩具放到沙盆中。也可以用其他东西代替沙子，比如干净的仓鼠刨花、碎纸片或者包装泡沫粒等。

扩展活动

用水代替沙子，其他步骤相同。把水装进水罐，让幼儿把水倒进滤器。和幼儿谈一下他们看到的现象，鼓励他们体验不同的材料和玩具。

语言学习

词汇

▶ 滤器	▶ 筛子	▶ 勺子	▶ 杯子
▶ 沙子	▶ 水	▶ 落下	▶ 空洞
▶ 倾倒	▶ 摇动	▶ 通过	▶ 越过
▶ 掩藏	▶ 动物		

活动用语

"我要把沙子舀起来放进滤器里。仔细看沙子怎么透过滤器的小孔漏下来。把你的手放在滤器下面。感受一下沙子怎么从你的手指间穿过。那些动物发生了什么？它们也漏下来了吗？你可以把它们藏在沙子里面吗？"

歌曲、儿歌和手指游戏

歌曲：《舀啊，舀啊，舀沙子》
作词：琼·芭芭拉

曲调:《划、划、划小船》

舀啊,舀啊,舀沙子。　　　　　　　　舀一次,舀两次,
　我们舀沙子。　　　　　　　　　　　舀沙子真好玩!

90

鞋子，鞋子，更多鞋子

游戏材料

- ✂ 幼儿的鞋子
- ✂ 两个中等大小的篮子

推荐书目

- ✎ 《颜色，字母，数字》(*Colors, ABC, Numbers*)，作者：Roger Priddy
- ✎ 《狗狗道奇：一本关于数数和吠叫的书》(*Doggies: A Counting and Barking Book*)，作者：Sandra Boynton
- ✎ 《奇怪的小灰兔》(*Gray Rabbit's Odd One Out*)，作者：Alan Baker
- ✎ 《吼叫！吵吵闹闹的数数书》(*Roar! A Noisy Counting Book*)，作者：Pamela Duncan Edwards

游戏方法

告诉幼儿鞋子都是成双成对的，有很多种鞋子，比如网球鞋、靴子等。和幼儿谈一谈他们脚上穿的鞋子的颜色和种类。看看哪些鞋子有鞋带，哪些鞋子有尼龙搭扣。让幼儿仔细观察一下自己的鞋子，并且把其中的一只放进篮子里。然后，让幼儿把自己的鞋子从篮子中找出来，再放进去。下一个幼儿继续进行同样的

学习成果

社会性－情绪发展
- ★ 自我同一性
- ○ 自我意识
- ○ 与成年人的关系
- ○ 同伴关系
- ○ 分享

生理发展
- ○ 精细动作技能

认知发展
- ★ 数字意识
- ○ 记忆
- ○ 空间意识
- ○ 经验关联
- ○ 模仿他人
- ○ 游戏进程
- ○ 遵循简单指令

语言发展
- ○ 接受性语言
- ○ 表达性语言
- ○ 把文字和真实世界的知识相关联
- ○ 概念词汇

游戏。所有幼儿都进行一轮后，让他们再次从篮子里，找出自己的鞋子并且拿出来，帮助他们把鞋子穿上。把推荐图书读给他们听，把新词教给他们，和他们一起唱歌，或者一起念儿歌。

调整适用于两三岁儿童

帮助年龄稍大的幼儿辨认不同种类鞋子的细节。也可以添加一些装扮用的鞋子或者靴子，增加多样性。让幼儿给鞋子排序和分类。

扩展活动

在装扮区添置一些鞋子。把装扮用的新鞋子包好，放进鞋盒里。在鞋盒旁边摆放一些幼儿用的椅子或者长凳，摆放成鞋店的样子。让幼儿把装扮用的鞋子穿上，看看镜子中穿上新鞋子的自己。

语言学习

词汇

- 鞋子
- 皮质
- 搭扣
- 脚跟

- 配对
- 靴子
- 系带
- 脚

- 相同
- 网球鞋
- 鞋底

- 不同
- 鞋带
- 大脚趾

活动用语

"鞋子有很多种。鞋子的颜色各不相同。有些有鞋带，有些有搭扣。我们的每只脚都穿着一只鞋子。看看你的鞋子。你看见了什么？它们看起来哪里相同？哪里不同？"

歌曲、儿歌和手指游戏

歌曲：《鞋子，鞋子，鞋子》

作词：金伯利·博安农
曲调：《三只盲鼠》

鞋子，鞋子，鞋子！　　　　　　　鞋子，鞋子，鞋子！
鞋子，鞋子，鞋子！　　　　　　　鞋子，鞋子，鞋子！
穿上一只鞋子。　　　　　　　　穿上一只鞋子。
穿上一只鞋子。　　　　　　　　穿上一只鞋子。
看你能不能找到另一只。　　　　轮到你时，捡起鞋子。
哦，鞋子，鞋子，鞋子！　　　　哦，鞋子，鞋子，鞋子！
鞋子，鞋子，鞋子！　　　　　　　鞋子，鞋子，鞋子！

儿歌：《一，二，扣上我的鞋》（One, Two, Buckle My Shoes）（传统儿歌）

肥皂泡

游戏材料

- ✂ 塑料桶或者塑料盆
- ✂ 洗洁精
- ✂ 甘油（药店有卖）或者玉米糖浆
- ✂ 打蛋器
- ✂ 量杯和量勺
- ✂ 气泡棒（买成品，或者用软铁丝自制）
- ✂ 苍蝇拍
- ✂ 塑料果篮
- ✂ 塑料饼干切割器
- ✂ 洗菜篮
- ✂ 毛巾

推荐书目

- ✎《棕色兔子的图形书》（*Brown Rabbit's Shape Book*），作者：Alan Baker
- ✎《泡泡，泡泡》（*Bubbles, Bubbles*），作者：Kathi Appelt
- ✎《最早学到的 100 个词》（*First 100 Words*），作者：Roger Priddy
- ✎《我的五种感官》（*My Five Senses*），作者：Aliki
- ✎《我的五种感官》（*My Five Senses*），作者：Margaret Miller

学习成果

社会性－情绪发展
- ★ 自我调节
- ○ 自我意识
- ○ 与成年人的关系
- ○ 同伴关系
- ○ 分享

生理发展
- ○ 感知能力
- ○ 精细动作技能

认知发展
- ○ 因果关系
- ○ 记忆
- ○ 空间意识
- ○ 经验关联
- ○ 模仿他人
- ○ 游戏进程
- ○ 遵循简单指令

语言发展
- ★ 表达性语言
- ○ 接受性语言
- ○ 沟通需要
- ○ 把文字和真实世界的知识相关联
- ○ 概念词汇
- ○ 在游戏中使用语言

游戏方法

　　这个活动场面会比较脏乱，最好在室外进行。把1杯水和2大勺洗洁精放到塑料桶里。用打蛋器搅打均匀。可以用泡泡棒蘸取泡泡液。也可以用干净的苍蝇拍、塑料水果篮、塑料饼干切割器，或者各种漏勺蘸取泡泡液。让幼儿借助这些工具，做出泡泡，一起游戏。也可以在泡泡液中加进一两滴甘油或者玉米糖浆，丰富泡泡。提前一天做好泡泡液，把泡泡液静置一个晚上。在活动进行时，就近放一些干毛巾，随时擦干溢出的液体。把推荐图书读给他们听，把新词教给他们，和他们一起唱歌，或者一起念儿歌。

调整适用于两三岁儿童

　　用两根软铁丝制作泡泡棒，把其中一根弯起，两端拧在一起做成一个圈儿，另一根和这个圈拧在一起，做成泡泡棒把手。如果想要做一个大一些的泡泡棒，可以用两根软铁丝连接起来做成一个大圆圈。也可以用绝缘胶带把铁丝晾衣架缠裹起来，把晾衣架重新塑型，做成星星、圆圈、正方形、长方形或者菱形的泡泡棒。

扩展活动

　　把1杯液体水粉颜料、2勺洗洁精、1勺水淀粉混合在一起做成彩色泡泡液。这个活动里有颜料，又有泡泡，很容易让场面一片狼藉，一定要记得给幼儿穿上围裙，并且要用可水洗的颜料。如果混合泡泡液太黏稠，可以酌情加水稀释。这也是教导幼儿学习色彩的好机会。

语言学习

词汇

▶ 泡泡　　　　　▶ 漏勺　　　　　▶ 上部　　　　　▶ 肥皂液

- 塑料饼干切割器
- 清晰
- 泡泡棒
- 洗菜篮
- 飘浮
- 苍蝇拍
- 电线
- 塑料果篮
- 衣架

活动用语

"我们要做一些不同大小和形状的泡泡。你们想用什么做泡泡棒呢？把泡泡棒放进泡泡液里面，会发生什么？风吹动泡泡的时候仔细看。看看它们能在空中飘浮多远。"

歌曲、儿歌和手指游戏

歌曲：《有个泡泡》
作词：金伯利·博安农
曲调：《幸福拍手歌》

有个泡泡在我手上，在手上。
有个泡泡在我手上，在手上。
　　有个泡泡在我手上。

有个泡泡在我手上。
有个泡泡在我手上，在手上。

附加歌词：

　　有个泡泡在空中。
　　有个泡泡在衣服上。

到处都是泡泡在飞舞。

歌曲：《啵！飞吧泡泡》
作词：金伯利·博安农
曲调：《砰！去追黄鼠狼》（Pop！ Goes the Weasel）

在我们周围泡泡飞舞。
它们移动优雅又轻柔。

在我们周围泡泡飞舞。

（用手指吹出泡泡。）

飞吧，可爱的泡泡！

92

蹦蹦跳跳

游戏材料

推荐书目

✎《安妮，碧，齐齐·桃乐丝：上学日字母表》
（*Annie, Bea, and Chi Chi Dolores: A School Day Alphabet*），作者：Donna Maurer

✎《虫子！虫子！虫子！》（*Bugs! Bugs! Bugs!*），
作者：Kathi Appelt

✎《颜色，字母，数字》（*Colors, ABC, Numbers*），
作者：oger Priddy

✎《国家地理：小朋友的第一本大本动物书》
（*National Geographic Little Kids First Big Book of Animals*），作者：Catherine D. Hughes

游戏方法

让幼儿看你如何做双脚跳。一边在房间跳，一边唱歌或者念儿歌。年龄较小的幼儿学习双脚跳的时候，需要成年人拉着他们的双手保持平衡，随着年龄的增长，他们首先学会单脚跳。学习单脚跳也需要不断地练习，有些幼儿一只脚比另一只脚跳起来更容易。把推荐图书读给他们听，把新词教给他们，和他们一起唱歌，或者一起念儿歌。

学习成果

社会性－情绪发展
○ 自我意识
○ 与成年人的关系
○ 同伴关系
○ 自我调节

生理发展
★ 大动作技能

认知发展
○ 因果关系
○ 空间意识
○ 经验关联
○ 数字意识
○ 模仿他人
○ 游戏进程
○ 遵循简单指令

语言发展
★ 在游戏中使用语言
○ 接受性语言
○ 把文字和真实世界的知识相关联
○ 概念词汇
○ 音乐、节奏和韵律

调整适用于两三岁儿童

用胶带在地板上贴出线条，或者在地板上放置一个呼啦圈，让年龄稍大的幼儿在线条上练习蹦跳，或者跳进呼啦圈，再跳出来。他们也可以在有图案或者色块的地毯上练习蹦跳，从一个图案跳到另一个图案，从一个色块跳到另一个色块。这个活动非常简便易行。

扩展活动

鼓励幼儿一边练习蹦跳，一边数蹦跳的次数，这可以有效锻炼和强化他们的数字意识。把推荐图书读给他们听。

语言学习

词汇

- ▶ 蹦跳
- ▶ 左边
- ▶ 双脚
- ▶ 清晰
- ▶ 单脚
- ▶ 面对
- ▶ 右边
- ▶ 离开

活动用语

"什么动物会蹦跳？青蛙和蚱蜢怎么样？我们也可以蹦跳！和我一起跳一跳。"

歌曲、儿歌和手指游戏

歌曲：《蹦跳的脚》
作词：金伯利·博安农
曲调：《玛丽有只小羊羔》

同学们双脚会蹦跳，
会蹦跳，会蹦跳。

同学们双脚会蹦跳，
从早跳到晚。

（用幼儿的名字替换"同学们"。）

海绵艺术

游戏材料

- ✂ 大画架
- ✂ 画纸或白卡纸
- ✂ 颜料
- ✂ 新的厨房用（或者艺术专用的）海绵、丝瓜瓤或者板刷

推荐书目

- ✎ 《颜色，字母，数字》（*Colors, ABC, Numbers*），作者：Roger Priddy
- ✎ 《我的手》（*My Hands*），作者：Aliki
- ✎ 《小白兔的颜色书》（*White Rabbit's Color Book*），作者：Alan Baker

游戏方法

　　各种各样的海绵块可以丰富艺术课的材质和乐趣。把颜料放在平盘或者大画架上的调色杯里，让幼儿用海绵从中蘸取颜料作画。每次用一种颜料，让幼儿学习颜料的名称。这个活动可以在室内进行，也可以在室外进行；可以用画架，也可以用小桌子。把推荐图书读给他们听，把新词教给他们，和他们一起唱歌，或者一起念儿歌。

学习成果

社会性－情绪发展
- ○ 自我意识
- ○ 与成年人的关系
- ○ 同伴关系
- ○ 自我调节
- ○ 分享

生理发展
- ○ 感知能力
- ○ 精细动作技能

认知发展
- ★ 因果关系
- ○ 记忆
- ○ 空间意识
- ○ 经验关联
- ○ 数字意识
- ○ 游戏进程

语言发展
- ★ 阅读
- ○ 接受性语言
- ○ 表达性语言
- ○ 把文字和真实世界的知识相关联
- ○ 概念词汇
- ○ 在游戏中使用语言

调整适用于两三岁儿童

每次用三原色中的两种颜色，告诉幼儿如何将这两种颜色混合在一起制成新的颜色。比如，红色和黄色混合变成橙色。幼儿以小组为单位活动时，可以肩并肩一起作画，分享颜料、海绵和板刷等工具和材料。

扩展活动

向幼儿演示如何用硬毛刷把颜料洒在画纸上。可以添加更多工具，比如苍蝇拍、小过滤器、抹刀等。

语言学习

词汇

- ▸ 颜料
- ▸ 画架
- ▸ 作画
- ▸ 板刷
- ▸ 海绵
- ▸ 丝瓜瓤
- ▸ 画纸
- ▸ 颜色
- ▸ 硬毛刷

活动用语

"今天，我布置了一个画画区，放了一些新的作画材料，都是一些我们会在厨房看见的东西。这是各式各样的海绵，还有板刷。你们可以用这些东西来画画。每个工具在画纸上呈现出来的风格都不一样。你最喜欢哪一个呢？为什么？"

图章游戏

游戏材料

- ✄ 白卡纸
- ✄ 多色彩蛋颜料
- ✄ 线轴
- ✄ 小木块
- ✄ 小号塑料容器盖子（一定不能太小，以免被幼儿吞下）
- ✄ 一个新的大海绵块（艺术专用的也可以）
- ✄ 多个被剪成各种形状的海绵
- ✄ 晾衣夹
- ✄ 大的牢固不破的托盘

推荐书目

- ✑ 《从 A 到 Z》（*A to Z*），作者：Sandra Boynton
- ✑ 《蓝帽子，绿帽子》（*Blue Hat, Green Hat*），作者：Sandra Boynton
- ✑ 《颜色，字母，数字》（*Colors ABC, Numbers*），作者：Roger Priddy
- ✑ 《我的手》（*My Hands*），作者：Aliki
- ✑ 《理查德·斯卡利：最棒的第一本书！》（*Richard Scarry's Best First Book Ever!*），作者：Richard Scarry

学习成果

社会性－情绪发展
○ 自我意识
○ 与成年人的关系
○ 分享

生理发展
★ 精细动作技能
○ 感知能力

认知发展
○ 因果关系
○ 空间意识
○ 经验关联
○ 遵循简单指令

语言发展
★ 阅读
○ 接受性语言
○ 表达性语言
○ 把文字和真实世界的知识相关联
○ 概念词汇

游戏方法

把大海绵放在托盘里，在上面放一些颜料，做成印泥。给年龄稍大的幼儿及学步儿演示，如何把软木塞、线轴、木块、瓶盖、各种图形的海绵块等按在吸满颜料的海绵上，制作图章画。由一种颜料开始，在印泥中逐渐增加不同颜色的颜料，或者用不同的海绵做出不同颜色的印泥。每个幼儿面前放置一张大的卡纸，让他们印出自己的图章画。把推荐图书读给他们听，把新词教给他们，和他们一起唱歌，或者一起念儿歌。

调整适用于两三岁儿童

为了帮助幼儿发展精细动作技能，在海绵上加上晾衣夹。幼儿制作图章画的时候，告诉幼儿如何捏动晾衣夹。增加更多海绵图案，比如三角形的、正方形的、圆形的，长方形的等，也可以添加一些在商店购买的图章。在每一个幼儿面前都摆放一张大的白色卡纸，让他们自行选择喜欢的图章进行作画。

扩展活动

把一张纸巾或者一张咖啡滤纸弄湿。让幼儿在湿纸上印制不同颜色的图章。颜色会混合在一起。

语言学习

词汇

▶ 海绵 ▶ 软木塞 ▶ 木块 ▶ 线轴
▶ 晾衣夹 ▶ 红色 ▶ 蓝色 ▶ 黄色
▶ 绿色 ▶ 橘色 ▶ 颜料的颜色 ▶ 质地
▶ 湿的

活动用语

"如果用海绵作画会怎么样？图案上有洞和圆形吗？我们把线轴在颜料里滚一下，看看会发生什么。我们看纸上有什么？"

歌曲、儿歌和手指游戏

儿歌：《图章，图章》

作词：金伯利·博安农

图章，图章。　　　　　　　　　图章，图章。

在这里盖个图章。　　　　　　　看我的图章。

看看这个印记，

击鼓传花

游戏材料

- ✂ 音乐
- ✂ 用于分享的玩具（比如泰迪熊）

推荐书目

- ✎ 《学校里的好朋友》（*Friends at School*），作者：Rochelle Bunnett
- ✎ 《有多少人可以玩？》（*How Many Can Play?*），作者：Susan Canizares，Betsy Chessen
- ✎ 《安全游戏！游戏场所的安全指南》（*Please Play Safe! Penguin's Guide to Playground Safety*），作者：Margery Cuyler

游戏方法

　　让幼儿围坐成一圈。告诉他们如何把玩具递给相邻的人，拿到玩具的人应立刻把玩具递给下一个人。首先在没有音乐的情况下练习几次。然后告诉他们音乐响起的时候，开始传递玩具，音乐停止的时候，拿到玩具的人停止传递。音乐停止时，同时喊出来"停"字。拿到玩具的幼儿持有玩具，直到音乐再次响起。音乐响起的时候要说"开始"，幼儿继续传递玩具。这个过程可以一直重复进行。把推荐图书读给他们听，把新词教给

学习成果

社会性－情绪发展

- ★ 自我调节
- ○ 自我意识
- ○ 与成年人的关系
- ○ 同伴关系
- ○ 关心他人
- ○ 分享

生理发展

- ○ 大动作技能

认知发展

- ○ 空间意识
- ○ 经验关联
- ○ 数字意识
- ○ 模仿他人
- ○ 游戏进程
- ○ 遵循简单指令

语言发展

- ★ 接受性语言
- ○ 把文字和真实世界的知识相关联
- ○ 概念词汇
- ○ 音乐、节奏和韵律
- ○ 在游戏中使用语言

他们，和他们一起唱歌，或者一起念儿歌。

调整适用于两三岁儿童
一次传递两个玩具。

扩展活动
　　帮助幼儿学习遵循简单指令，学习概念词汇"停"和"开始"。告诉他们在游戏过程中，说"开始"和"停"是什么意思。比如，跳舞或运动中，随机说出"开始"和"停止"，小朋友随着口令做出相应的动作。这个活动可以帮助幼儿学习自我调节以及对后续活动的预期。

语言学习

词汇
- 传递
- 相邻
- 停止
- 分享
- 行动
- 静止
- 下一个
- 开始
- 拿住

活动用语
　　"学习分享很重要。我们和朋友们分享什么呢？我们今天来分享这只泰迪熊，把它传递给你身边的小朋友。音乐响起的时候，我们把泰迪熊慢慢地传递给身边的人。音乐停止时，无论小熊传递到了谁那里，拿到小熊的人都要把小熊拿在手中，停止传递。当音乐再次响起，继续将泰迪熊传递给邻近的人。"

歌曲、儿歌和手指游戏
儿歌：《停，看，听》
作词：金伯利·博安农

过马路，左右看，
停下来，听一听，看一看。
用眼睛。

用耳朵。
在你穿过马路前。

96

穿绳

游戏材料

- ✂ 粗线（三股线最好）
- ✂ 多种颜色的大珠子
- ✂ 托盘或者篮子
- ✂ 剪刀
- ✂ 遮盖胶带

推荐书目

- ✎ 《蓝帽子，绿帽子》（*Blue Hat, Green Hat*），作者：Sandra Boynton
- ✎ 《奇怪的小灰兔》（*Gray Rabbit's Odd One Out*），作者：Alan Baker
- ✎ 《我的手》（*My Hands*），作者：Aliki
- ✎ 《小白兔的颜色书》（*White Rabbit's Color Book*），作者：Alan Baker

游戏方法

剪出一段 25~35 厘米长的粗线。在线的一端打一个死结，以免珠子滑落。在线另一端粘上遮盖胶带，做成坚挺的针状。把珠子放在桌上的托盘或者篮子里。向幼儿演示如何将珠子串起来，并且用语言将过程讲述给幼儿听。这个活动非常适用于教概念词汇、颜色、因果关系和构造图案。年龄较小的幼儿串珠时可能需要帮助。珠子也很容易被幼儿吞吃，

学习成果

社会性－情绪发展
- ○ 自我意识
- ○ 自我同一性
- ○ 与成年人的关系
- ○ 自我调节
- ○ 分享

生理发展
- ★ 精细动作技能

认知发展
- ★ 数字意识
- ○ 记忆
- ○ 空间意识
- ○ 经验关联
- ○ 模仿他人
- ○ 遵循简单指令

语言发展
- ○ 接受性语言
- ○ 表达性语言
- ○ 把文字和真实世界的知识相关联
- ○ 概念词汇

所以，在活动期间一定要严格监督幼儿的举动，以免他们吞吃珠子。把推荐图书读给他们听，把新词教给他们，和他们一起唱歌，或者一起念儿歌。

调整适用于两三岁儿童

可以提供多种规格和颜色的珠子供幼儿学习分类和排序。松饼模具是珠子分类、排序和存储的便利器具。把所有的珠子都放在同一个篮子里。帮助幼儿认识珠子的颜色，以及概念词汇，比如大的、小的、大型、小型等。让幼儿把不同的珠子分别装进不同的松饼模具里，帮助他们学习分类和排序。

扩展活动

帮助幼儿学习如何用珠子做 A-B 排列。选两种颜色的珠子，向幼儿演示如何将珠子按照规律进行排列，比如红色（A）、黄色（B）、红色（A）、黄色（B）、红色（A）。比如，把红色和黄色珠子按照特定顺序排列，然后问幼儿下一个珠子应该是什么颜色的。幼儿掌握这种序列规律以后，再增加一种颜色，继续进行活动。

语言学习

词汇

- ▶ 珠子
- ▶ 很小的
- ▶ 线节
- ▶ 穿过
- ▶ 端点
- ▶ 区域
- ▶ 巨大的
- ▶ 大的
- ▶ 拧起
- ▶ 拉动
- ▶ 线绳
- ▶ 小的

活动用语

"我们将要把珠子穿在线绳上。我会把线绳的一端从珠子中间的孔穿过去，再从珠子的另一边拉出来。下面我们该用哪个珠子了？哦，你拿起了一颗蓝色的珠子！让我们看一下这个蓝色的珠子怎么沿着线绳滑下去。我帮你拿着线绳，你把珠子穿进去吧。"

阳光与彩虹

游戏材料

✂ 带有阳光、雨、雪、云、风和彩虹的图片

推荐书目

✎《画彩虹》（*Planting a Rainbow*），作者：Lois Ehlert

✎《季节》（*What Makes the Seasons?*），作者：Megan Montague Cash

✎《今天的天气怎么样？》（*What Will the Weather Be Like Today?*），作者：Paul Rogers

✎《小白兔的颜色书》（*White Rabbit's Color Book*），作者：Alan Baker

游戏方法

和幼儿谈谈有关天气的事情，把有阳光、雨、雪、云、风和彩虹的图片拿给他们看。把当天的天气状况描述给他们听。如果到室外去散步或者活动，和幼儿聊一聊当天的天气。告诉他们为什么会有彩虹，如果遇到彩虹，把彩虹指给他们看，或者把彩虹的图片拿给他们看。把彩虹的颜色描述给他们听。把推荐图书读给他们听，把新词教给他们，和他们一起唱歌，或者一起念儿歌。

学习成果

社会性 – 情绪发展
★ 与成年人的关系
○ 同伴关系
○ 关心他人
○ 分享

生理发展
○ 感知能力

认知发展
○ 因果关系
○ 记忆
○ 空间意识
○ 经验关联
○ 游戏进程

语言发展
★ 接受性语言
○ 表达性语言
○ 把文字和真实世界的知识相关联
○ 概念词汇
○ 阅读

调整适用于两三岁儿童

如果有什么东西挡住了光线，向幼儿解释影子的形成。到户外散步，把阴影指给幼儿看。外出的时候带上三棱镜，或者把它放在窗台上。向幼儿演示阳光如何穿过三棱镜产生彩虹的颜色。

扩展活动

在阳光照射的人行道上铺上厚画纸，让幼儿的影子投射在上面，用画笔把影子描画在画纸上。把每一个幼儿的影子都画下来。让幼儿为自己的影子填色，并把完成的影子画带回家。

语言学习

词汇

▶ 阳光　　　▶ 光线　　　▶ 三棱镜　　　▶ 彩虹

▶ 云　　　　▶ 雨　　　　▶ 雪　　　　　▶ 影子

▶ 颜色　　　▶ 风

活动用语

"今天外面下雨了。雨还在下的时候，如果太阳出来了，我们有可能会看到彩虹。看呀——彩虹。你看见什么颜色？"

歌曲、儿歌和手指游戏

歌曲：《今天天气怎么样？》

作词：金伯利·博安农

曲调：《伦敦大桥垮下来》

今天天气怎么样？　　　　　　　　　　　怎么样？怎么样？

今天天气怎么样?   告诉我天气。

儿歌:《观察天气》
作词:金伯利·博安农

太阳、风、雨、雪。   我们都知道什么?
今天是什么天气?   太阳、风、雨、雪。
我们都知道什么?   我们应该穿什么?
太阳、风、雨、雪。   我们都知道什么?
你看到了什么?

儿歌:《小雨,小雨,快走开》(Rain, Rain, Go Away)(传统儿歌)

适用年龄：学步儿

咚咚鼓

游戏材料

- ✄ 纸质容器，比如空牛奶盒
- ✄ 胶水
- ✄ 卡纸
- ✄ 剪刀
- ✄ 蜡笔
- ✄ 记号笔
- ✄ 羽毛
- ✄ 绒线球
- ✄ 线绳
- ✄ 布料或者毛毡

推荐书目

- ✎ 《小老鼠上学第一天》（*Mouse's First Day of School*），作者：Lauren Thomson
- ✎ 《莉莉，太吵了》（*Too Loud Lily*），作者：Sofie Laguna
- ✎ 《铮！铮！铮！小提琴》（*Zin! Zin! Zin! A Violin*），作者：Lloyd Moss

游戏方法

收集一些坚固的纸筒，用于做咚咚鼓。把纸筒

学习成果

社会性－情绪发展
- ○ 自我意识
- ○ 自我同一性
- ○ 与成年人的关系
- ○ 同伴关系
- ○ 自我调节
- ○ 分享

生理发展
- ★ 感知能力
- ○ 精细动作技能

认知发展
- ★ 遵循简单指令
- ○ 因果关系
- ○ 记忆
- ○ 空间意识
- ○ 经验关联
- ○ 模仿他人
- ○ 游戏进程

语言发展
- ○ 接受性语言
- ○ 表达性语言
- ○ 把文字和真实世界的知识相关联
- ○ 概念词汇
- ○ 音乐、节奏和韵律
- ○ 在游戏中使用语言

的盖子拿下来，帮助幼儿用卡纸盖在纸筒口上做成鼓。让幼儿用蜡笔、记号笔、羽毛、绒线球、线绳、布料或者毛毡装饰他们的鼓。鼓励幼儿用他们的小手或者鼓槌敲打自己做的咚咚鼓。把推荐图书读给他们听，把新词教给他们，和他们一起唱歌，或者一起念儿歌。

调整适用于两三岁儿童

敲打力度不同或者使用的鼓槌不同，咚咚鼓发出的声音就不同。让幼儿用不同的物体做鼓槌敲打咚咚鼓，比如，他们自己的手、棍棒或者木勺等。和幼儿谈谈不同鼓槌敲打咚咚鼓发出的不同声音，比如有的低沉、有的清脆。

扩展活动

唱歌的时候，敲咚咚鼓伴奏，或者按照儿歌的不同节奏敲鼓。

语言学习

词汇

- 咚咚鼓
- 里面
- 布料
- 韵律
- 鼓
- 空的
- 敲鼓
- 容器
- 上部
- 节拍
- 圆的
- 羽毛
- 声音

活动用语

"每个咚咚鼓发出来的声音都不一样。我们挨个儿听一听。敲一下你的鼓的上部，听听发出的声音。声音怎么样？是低沉，还是高亢？如果把鼓放在地上敲，声音是不是不一样？"

歌曲、儿歌和手指游戏

歌曲:《弹出声音》
作词:琼·芭芭拉
曲调:《这位老先生》

弹出声音,
弹出声音,
弹奏乐器响亮又卖力。
快一点,慢一点,
想怎么弹奏都随你。
现在,弹奏你的乐器吧。

敲你的鼓,
敲你的鼓,
用你的鼓槌敲你的鼓。
高一下,低一下,
想怎么敲打都随你。
现在,敲击你的小鼓吧。

儿歌:《行进节拍》
作词:金伯利·博安农

保持节奏,
是的,保持节奏,
四处行进,
迈动脚步。

保持节奏,
是的,保持节奏,
打起你的鼓啊,
迈动脚步。

学动物行走

游戏材料

- ✂ 关于农场动物和野生动物的图片或图书
- ✂ 胶水
- ✂ 与动物有关的音乐，比如格雷格和史蒂夫的《动物活动》（Animal Action）

推荐书目

- ✎《宝宝感触动物》（*Baby Touch and Feel Animals*），作者：DK Publishing
- ✎《打呼噜的熊》（*Bear Snores on*），作者：Karma Wilson
- ✎《最大，最强，最快》（*Biggest, Strongest, Fastest*），作者：Steve Jenkins
- ✎《国家地理：小朋友的第一本大本动物书》（*National Geographic Little Kids First Big Book of Animals*），作者：Catherine D. Hughes
- ✎《吼叫！吵吵闹闹的数数书》（*Roar! A Noisy Counting Book*），作者：Pamela Duncan Edwards

游戏方法

选一本关于动物的书，比如推荐图书中的任何

学习成果

社会性 – 情绪发展
- ○ 自我意识
- ○ 与成年人的关系
- ○ 同伴关系
- ○ 关心他人
- ○ 分享

生理发展
- ○ 大动作技能

认知发展
- ★ 模仿他人
- ○ 记忆
- ○ 经验关联
- ○ 数字意识
- ○ 游戏进程
- ○ 遵循简单指令

语言发展
- ★ 在游戏中使用语言
- ○ 接受性语言
- ○ 表达性语言
- ○ 把文字和真实世界的知识相关联
- ○ 概念词汇
- ○ 阅读
- ○ 音乐、节奏和韵律

一本，或者其他你喜欢的书。描述一下动物生活在哪里、吃什么、它们怎么走路。比如，大多数马生活在农场，它们"咴咴"的叫，吃草，喜欢苹果。给幼儿演示马怎么走路和奔跑。让幼儿模仿马的叫声，像马那样走路和奔跑。把其他动物的叫声也教给幼儿，比如牛的叫声、猪的叫声等，游戏可以重复进行。把相关词汇、歌曲和儿歌教给幼儿。

调整适用于两三岁儿童

每次教给幼儿相似的动物，比如，这次教了五六种农场动物，下次就教五六种丛林动物。给动物分组有助于幼儿了解动物之间的关联、它们的习性以及生活环境。帮助幼儿数动物、为动物分类或排序。

扩展活动

让大一点的孩子尝试做纸盘面具，用蜡笔或记号笔在纸盘上画他们最喜欢的动物的脸。有些幼儿不喜欢把面具带在脸上，更喜欢拿在手上。在小组活动时间，鼓励幼儿轮流谈一谈他们喜欢的动物，把他们喜欢的动物行走的样子表演给同伴看。

语言学习

词汇

- ▶ 移动
- ▶ 跑步
- ▶ 滑行
- ▶ 跳动
- ▶ 蹦跳
- ▶ 行走
- ▶ 爬行
- ▶ 游泳
- ▶ 奔跑
- ▶ 摇摆

活动用语

"今天，我们要看看生活在农场的动物。首先，我们来读一下关于农场动物的图书。马儿'咴咴'地叫。马儿，有时候慢慢行走，有时候嗒嗒地小跑，有时候又大步奔跑。我给你们表演马儿是怎么奔跑的。跟我一起试试吧。其他动物怎么跑呢？"

歌曲、儿歌和手指游戏

歌曲：《如果我是一个农民（动物的叫声）》
作词：金伯利·博安农
曲调：《大家在一起》

如果我是农民，农民，农民，　　　　　　　咳咳，咳咳，咳咳。
哦，如果我是农民，我会养一匹马　　　　　咳咳，咳咳。
马儿叫起来咳咳，咳咳，咳咳，　　　　　哦，如果我是农民，我会养一匹马
　　　咳咳，咳咳，咳咳。

（用其他动物和它们的叫声代替马和马的叫声。）

歌曲：《马儿怎么叫？》
作词：金伯利·博安农
曲调：《大家在一起》

　　　马儿怎么叫？　　　　　　　　马儿怎么叫？
　　怎么叫？怎么叫？　　　　　　让我们学一学。

附加歌词：
用其他动物及其叫声替换马的叫声。

儿歌：《马儿怎么跑？》
作词：金伯利·博安农

　　　马儿怎么跑？　　　　　　　　马儿怎么跑？
　　怎么跑？怎么跑？　　　　　　让我看看马儿怎么跑。

附加歌词：
用其他动物替换马。

刮一刮，擦一擦

游戏材料

- ✂ 用于刮擦的物品（比如钥匙、硬币、羽毛、贝壳等）
- ✂ 蜡笔
- ✂ 记号笔
- ✂ 胶带
- ✂ 纸（薄纸效果更好）

推荐书目

- ✎ 《从 A 到 Z》（*A to Z*），作者：Sandra Boynton
- ✎ 《棕色兔子的图形书》（*Brown Rabbit's Shape Book*），作者：Alan Baker
- ✎ 《理查德·斯卡利：最棒的第一本书！》（*ichard Scarry's Best First Book Ever!*），作者：Richard Scarry
- ✎ 《小白兔的颜色书》（*White Rabbit's Color Book*），作者：Alan Baker

游戏方法

和幼儿谈一谈用来刮擦的物品，让幼儿摸一摸，感受一下。幼儿刮擦平坦的物品更容易。如果可能，把物品用胶带粘在一个平面上，幼儿更好操

学习成果

社会性－情绪发展

- ○ 自我意识
- ○ 自我同一性
- ○ 与成年人的关系
- ○ 自我调节
- ○ 分享

生理发展

- ○ 精细动作技能

认知发展

- ★ 模仿他人
- ○ 因果关系
- ○ 记忆
- ○ 空间意识
- ○ 经验关联
- ○ 数字意识
- ○ 游戏进程
- ○ 遵循简单指令

语言发展

- ★ 阅读
- ○ 接受性语言
- ○ 表达性语言
- ○ 把文字和真实世界的知识相关联
- ○ 概念词汇

作。用纸把物品盖住，向幼儿演示如何用蜡笔或者记号笔在纸上刮擦，被盖住的物体的形状会出现在纸上。一边演示，一边告诉幼儿你所用的蜡笔的颜色。把推荐图书读给幼儿听，把相关词汇教给幼儿。

调整适用于两三岁儿童

帮助幼儿选一个用来刮擦的物体，比如羽毛、钥匙、硬币、贝壳等。和幼儿谈一谈这些物体的形状和质感，以及刮擦出来以后它们的轮廓在纸上的样子。把物体的名称（比如贝壳或者钥匙）写在纸上相应的刮擦图片旁边。

扩展活动

在户外找一些物品用来刮擦。体验一下在户外用彩色粉笔进行刮擦。

语言学习

词汇

▶ 刮擦画　　▶ 刮擦　　▶ 羽毛　　▶ 钥匙
▶ 硬币　　　▶ 贝壳　　▶ 边缘　　▶ 凹凸不平
▶ 平滑　　　▶ 蜡笔　　▶ 记号笔　▶ 粉笔
▶ 盖住　　　▶ 下面　　▶ 上面　　▶ 下来

活动用语

"看看这些贝壳。它们每一个都很特别。它们的边缘凹凸不平。我要把贝壳放在纸下面。现在，我用绿色的蜡笔在纸上刮擦。看见贝壳的形状了吗？我们把纸放在钥匙上面。你可以用蜡笔在纸上刮擦，看看会发生什么。"

今天天气怎么样？

游戏材料

推荐书目

- 《大大的地球，小小的我》（*Big Earth, Little Me*），作者：Tom Wiley
- 《一片小小的云》（*Little Cloud*），作者：Eric Carle
- 《季节》（*What Makes the Seasons?*），作者：Megan Montague Cash
- 《今天的天气怎么样？》（*What Will the Weather Be Like Today?*），作者：Paul Rogers

游戏方法

让幼儿向窗外看看，让他们告诉你天气怎么样。如果是晴天，和幼儿谈一下太阳如何为我们提供光和热，如何让植物生长。如果是大风天，和幼儿谈谈风是怎么刮起的，听一听风吹动风铃的声音。每天有很多机会帮助幼儿增强语言表达能力以及对概念词汇的理解能力。帮助他们与现实世界的知识建立联系。和他们分享当下季节的情况。把推荐图书读给幼儿听，教给他们相关词汇。

调整适用于两三岁儿童

制作一张包含当月每一天的表格。设计代表不同天气的图标，比如晴天、大风、

学习成果

社会性－情绪发展
- ○ 自我意识
- ○ 与成年人的关系
- ○ 分享

生理发展
- ○ 感知能力

认知发展
- ○ 因果关系
- ○ 记忆
- ○ 游戏进程

语言发展
- ★ 把文字和真实世界的知识相关联
- ★ 概念词汇
- ○ 接受性语言
- ○ 表达性语言
- ○ 阅读

下雨和多云等。在小组时间，让幼儿把相应的图标放在和每天天气对应的位置。把推荐图书读给他们听。

扩展活动

在多云的天气，鼓励幼儿到户外去观察天空和云朵。指出鸟儿如何在天空中飞翔。让幼儿感受一下风，听一听风铃的声音。让他们画太阳、云朵和天空的图画。

语言学习

词汇

- 天气
- 秋天
- 风
- 飞翔
- 夏天
- 彩虹
- 鸟儿
- 春天
- 云朵
- 微风
- 冬天
- 雨
- 热
- 季节
- 太阳
- 寒冷
- 日子

活动用语

"今天是大风天。大风天是什么意思？在寒冷、有风的日子，我们在室外穿什么？对了！我们穿夹克衫。听风吹动风铃的声音。你觉得它们听起来像什么？"

歌曲、儿歌和手指游戏

歌曲：《今天是什么天气》
作词：金伯利·博安农
曲调：《伦敦大桥垮下来》

今天天气怎么样？ 　　　　　今天天气怎么样？
怎么样？怎么样？ 　　　　　　告诉我天气。

儿歌：《观察天气》

作词：金伯利·博安农

太阳、风、雨、雪。　　　　　　　　我们都知道什么？

今天是什么天气？　　　　　　　　太阳、风、雨、雪。

我们都知道什么？　　　　　　　　我们应该穿什么？

太阳、风、雨、雪。　　　　　　　　我们都知道什么？

你看到了什么？

儿歌：《小雨，小雨，快走开》（传统儿歌）

· 附 录 ·

学习领域活动索引

I= 婴儿活动（Infant activity）

I/T= 婴儿和学步儿活动（Infant and toddler activity）

T= 学步儿活动（Toddler activity）

生理发展

感知能力

大动作技能

精细动作技能

认知发展

因果关系

记忆

语言发展

接受性语言

表达性语言

沟通需要

把文字和真实世界的知识相关联

概念词汇

音乐、节奏和韵律

在游戏中使用语言